JN296172

初級
線形代数

泉屋 周一・著

半期で学ぶ
2次行列と
平面図形

共立出版

序　文

　本書は主として，高等学校であまり数学を学んでこなかった大学 1 年生向けの線形代数入門です．文系学部でも，経済学や心理学などを専攻する学生にとって線形代数学の基礎は必須であるにもかかわらず，大学入試において文系進学者への線形代数基礎（数学それ自体でさえ）の出題はほとんどの大学においてはないのが現状です．それゆえ，高等学校の科目として文系進学者のほとんどは行列や 1 次変換の概念を学んでいません．本書は，そのような数学を必要とする人たちが，本格的な線形代数（これもぜひとも必要だと思われますが）を学ぶ前に，高等学校と大学の線形性に関する知識のギャップを埋めるために書かれたものです．筆者は 2006 年の前期学期に北海道大学の 1 年生の文系学部向けに本書とほぼ同じ内容の講義を行いました．本書はそのときの講義ノートに演習問題などを加えたものです．内容は，ほぼ 2 次の行列に限った記述となっていますが，最終章の 2 次曲線の性質と分類など通常の線形代数の教程でも 1 年間の最後に教える内容以上のものも含まれています．そういう意味では，文系学部とは限らず，線形代数の入門コースの教科書としても最適だと思われます．実際，通常の線形代数の内容は本書に書かれていることの一般化で，難しさ（易しさ）という意味では，本書の内容を理解していれば，本格的な線形代数の教程も容易に理解できるものと言っても過言ではないと思われます．

また，最近の線形代数の教科書の傾向としては，代数的部分が強調されている傾向が強く，それ自体はその後の抽象代数や現代物理学への発展性の必要性から必然の結果と思われますが，一方では，高等学校までの数学の教育課程で図形に関する部分（幾何学）が削減されている傾向にあり，現代日本人の成人の幾何学的素養はますます貧困になる傾向があります．本書では，線形代数入門という意味合いから，通常の線形代数で扱うベクトルや線形写像の代数的性質よりもむしろもともとの素朴なベクトルやその変換がもっていた幾何学的性質を強調する執筆法を採用しました．読者がその後に学ぶこととなるかもしれない，一般の線形代数における代数的性質も実はここで述べた幾何学的裏付けのもとに発展したものであり，背景を理解していればその抽象的記述もある程度は容易に理解できると思われるからです．また，独学者の方を配慮して，すべての問いにある程度詳しい解答をつけたのも本書の特徴ということができます．

　本書はこのように，文系理系を問わず大学で学ぶ線形代数の最低限の知識をまとめたものです．読者の皆様にとって，御専門の学習・研究のための一助となれば幸いです．

　　2008年7月　札幌にて

　　　　　　　　　　　　　　　　　　　　　　　　　　　　　著　者

目　次

第1章　行列の代数的性質　　*1*

  1.1　行列の定義 …………………………………………… *1*
  1.2　行列の和とスカラー倍 ……………………………… *4*
  1.3　行列の積 ……………………………………………… *6*
  1.4　正則行列 ……………………………………………… *10*
  1.5　転置行列 ……………………………………………… *12*
  1.6　行列と連立1次方程式 ……………………………… *15*

第2章　2次行列と平面図形 　　*31*

  2.1　平面上のベクトル …………………………………… *31*
  2.2　直線と連立1次方程式 ……………………………… *35*
  2.3　1次変換 ……………………………………………… *41*
  2.4　1次変換の性質 ……………………………………… *45*
  2.5　1次変換と面積 ……………………………………… *48*
  2.6　平行四辺形の面積と掃き出し法 …………………… *50*
  2.7　直交変換 ……………………………………………… *53*
  2.8　固有値と固有ベクトル ……………………………… *57*
  2.9　対称行列の対角化 …………………………………… *62*

2.10　2次曲線 65

略　　解　　　　　　　　　　　　　　　　　　　　　　*85*

参考文献とあとがき　　　　　　　　　　　　　　　　*107*

索　　引　　　　　　　　　　　　　　　　　　　　　*109*

第1章
行列の代数的性質

1.1 行列の定義

中学や高校で習った連立1次方程式

$$\begin{cases} ax + by = e \\ cx + dy = f \end{cases}$$

に対して，その係数だけを並べると

$$\begin{pmatrix} a & b \\ c & d \end{pmatrix}$$

や

$$\begin{pmatrix} a & b & e \\ c & d & f \end{pmatrix}$$

となる．

また，以下の表はそば屋のメニューの比較表である．

	かけ	ざる	天ぷら
A店	500 円	600 円	750 円
B店	450 円	550 円	700 円
C店	550 円	650 円	800 円

この表の数字部分のみを取り出して並べると

$$\begin{pmatrix} 500 & 600 & 750 \\ 450 & 550 & 700 \\ 550 & 650 & 800 \end{pmatrix}$$

となる．このように数字を並べたものを行列と呼ぶ．言い換えると，

$$\begin{pmatrix} 1 & \sqrt{2} \\ 8 & \dfrac{1}{3} \end{pmatrix}, \quad \begin{pmatrix} \pi & 5 & \sqrt{3} \\ \sqrt{3} & 11 & -54 \end{pmatrix}, \quad \begin{pmatrix} -3 & -\dfrac{3}{10} & 3 & 154 \\ \dfrac{2}{\pi} & 27 & 133 & 6 \\ 365 & \sqrt{38} & 0 & 88 \end{pmatrix}$$

のように，いくつかの数を，縦横に並べたものを行列と呼ぶ．

一般には以下のように定義される．

$m\times n$ 個の数 a_{ij} $(i=1,\ldots,m; j=1,\ldots,n)$ を次のように長方形に並べたものを **m 行 n 列の行列**，**$m\times n$ 行列**，**$m\times n$ 型の行列**または，**(m,n) 行列**などという：

$$\begin{pmatrix} a_{11} & a_{12} & \cdots & a_{1n} \\ a_{21} & a_{22} & \cdots & a_{2n} \\ \vdots & \vdots & \ddots & \vdots \\ a_{m1} & a_{m2} & \cdots & a_{mn} \end{pmatrix}. \tag{1.1}$$

そして数 a_{ij} をこの行列の **(i,j) 成分**（または **(i,j) 要素**）といい，上から i 番目の成分の横の並び

$$(a_{i1}, a_{i2}, \ldots, a_{in})$$

を**第 i 行**と呼び，左から j 番目の縦の並び

$$\begin{pmatrix} a_{1j} \\ a_{2j} \\ \vdots \\ a_{mj} \end{pmatrix}$$

を**第 j 列**と呼ぶ．また，$n \times n$ 行列を **n 次正方行列**と呼ぶ．

行列 (1.1) は，簡単に

$$(a_{ij})_{i=1,\ldots,m, j=1,\ldots,n}$$

とか，混乱の恐れのないときは (a_{ij}) と表す場合もある．また，$A, B, \cdots, X, Y,$ $\cdots,$ などのように，1つの大文字でも表される．特に，

$$(a_1, a_2, \ldots, a_m)$$

のように，1行だけからなる $1 \times m$ 行列を **m 次行ベクトル**と呼び，

$$\begin{pmatrix} b_1 \\ b_2 \\ \vdots \\ b_n \end{pmatrix}$$

のように，1列だけからなる $n \times 1$ 行列を **n 次列ベクトル**と呼ぶ．行ベクトルと列ベクトルを総称して**数ベクトル**と呼ぶ．行ベクトルの $(1, k)$ 成分とか，列ベクトルの $(k, 1)$ 成分を略してベクトルの**第 k 成分**と呼ぶ．行ベクトルまたは列ベクトルは，$\boldsymbol{a}, \boldsymbol{b}, \cdots, \boldsymbol{x}, \boldsymbol{y}, \cdots,$ などの，1つの太い小文字によって表されることが多い．

行列 A, B について，A の行数，列数が，それぞれ，B の行数，列数に等しいとき，A, B は**同じ型**の行列であるという．行列 A, B が同じ型の行列であって，その対応する成分がすべて等しいとき，A, B は**等しい**といい，

$$A = B$$

で表す．すなわち，$A = (a_{ij})$ を $m \times n$ 行列，$B = (b_{ij})$ を $\ell \times p$ 行列とするとき，

$$A = B \iff m = \ell, \ n = p, \ a_{ij} = b_{ij} \quad (i = 1, \ldots, m; j = 1, \ldots, n)$$

である．

■例 1.1.1　$A = \begin{pmatrix} 1 & 6 \\ 5 & \frac{1}{2} \end{pmatrix}, B = \begin{pmatrix} 1 & 6 & \pi \\ 5 & \frac{1}{2} & 3 \end{pmatrix}$ は A が 2×2 行列，B が 2×3 行列なので等しくない．また B と $C = \begin{pmatrix} 1 & 6 & 4 \\ 5 & \frac{1}{2} & 3 \end{pmatrix}$ は両方とも 2×3 行列であるが $(1,3)$ 成分が異なるので等しくない．

問 1.1.1　行列 $A = \begin{pmatrix} 2 & 3 & 5 & 7 \\ 0 & 0 & -2 & 8 \end{pmatrix}$ は何型の行列か？

問 1.1.2　行列 $A = \begin{pmatrix} 4 & -2 & 1 \\ 0 & 1 & -1 \\ \sqrt{5} & 0 & 9 \end{pmatrix}$ の第 1 行と第 2 列をいえ．

問 1.1.3　3×3 行列 A の (i,j) 成分が $i^3 - j^2$ であるとする．行列 A を具体的に書いてみよ．

1.2　行列の和とスカラー倍

　同じ型の行列 A, B について，それぞれの行列の対応する成分の和を成分とする行列を A, B の**和**と呼び $A + B$ で表す．すなわち，$A = (a_{ij}), B = (b_{ij})$ をともに $m \times n$ 行列とするとき，$A + B = (a_{ij} + b_{ij})$ である．ただし，違う型の行列どうしの和は定義しない．また，行列 A と**数（スカラー）** k について各成分の k 倍を成分とする行列を行列 A の **k 倍**と呼び kA で表す．すなわち，$A = (a_{ij})$ と数 k に対して，$kA = (ka_{ij})$ である．

■ 例 1.2.1
$$\begin{pmatrix} 1 & 6 & \pi \\ 10 & \frac{1}{2} & 3 \end{pmatrix} + \begin{pmatrix} 1 & -6 & 2 \\ 3 & \frac{1}{2} & -2 \end{pmatrix} = \begin{pmatrix} 1+1 & 6-6 & 3+2 \\ 10+3 & \frac{1}{2}+\frac{1}{2} & 3-2 \end{pmatrix} = \begin{pmatrix} 2 & 0 & 5 \\ 13 & 1 & 1 \end{pmatrix}$$

$$\sqrt{3} \begin{pmatrix} 1 & \sqrt{2} & 2 \\ 7 & \frac{3}{4} & \sqrt{3} \end{pmatrix} = \begin{pmatrix} \sqrt{3} & \sqrt{6} & 2\sqrt{3} \\ 7\sqrt{3} & \frac{3\sqrt{3}}{4} & 3 \end{pmatrix}$$

行列 A に対して, $(-1)A$ を $-A$ と書く. さらに, 行列 A, B の**差**を $A - B = A + (-1)B$ によって定義する. したがって, $A = (a_{ij}), B = (b_{ij})$ に対して $A - B = (a_{ij} - b_{ij})$ となる.

■ 例 1.2.2　$A = \begin{pmatrix} 1 & 2 & -1 \\ -1 & 0 & 2 \end{pmatrix}, B = \begin{pmatrix} 3 & 0 & 1 \\ 1 & 9 & -7 \end{pmatrix}, C = \begin{pmatrix} 5 & 2 \\ -6 & 0 \\ 0 & 1 \end{pmatrix}$

であるとき, $A + B = \begin{pmatrix} 4 & 2 & 0 \\ 0 & 9 & -5 \end{pmatrix}$, $A - B = \begin{pmatrix} -2 & 2 & -2 \\ -2 & -9 & 9 \end{pmatrix}$ であるが, A は 2×3 型で C は 2×2 型なので $A + C$ は定義されない.

各成分がすべて 0 である行列を, **零行列**または**ゼロ行列**といい O で表す.

$$O = \begin{pmatrix} 0 & 0 & \cdots & 0 \\ 0 & 0 & \cdots & 0 \\ \vdots & \vdots & \ddots & \vdots \\ 0 & 0 & \cdots & 0 \end{pmatrix}.$$

零行列は次の性質をもつ:

$$A + O = O + A = A,$$
$$A + (-1)A = (-1)A + A = O.$$

さらに行列の和およびスカラー倍は数の場合と同様に次の演算法則が成り立つ：

$$A + B = B + A,$$
$$(A + B) + C = A + (B + C),$$
$$k(A + B) = kA + kB,$$
$$(k + \ell)A = kA + \ell A,$$
$$(k\ell)A = k(\ell A).$$

問 1.2.1 $A = \begin{pmatrix} 1 & \sqrt{2} & -1 \\ -1 & 0 & 2 \end{pmatrix}$, $B = \begin{pmatrix} \frac{3}{2} & 0 & 1 \\ 1 & 9 & -7 \end{pmatrix}$, $C = \begin{pmatrix} 5 & 2 \\ -6 & \frac{1}{2} \\ 0 & 1 \end{pmatrix}$,

$D = \begin{pmatrix} 3 & 1 \\ 0 & 5 \\ 1 & 2 \end{pmatrix}$ であるとき，次を計算せよ．

(1) $A + B$　　(2) $A - B$　　(3) $C + D$　　(4) $C - D$

($A + C$ は定義されないが，その理由を述べよ．)

問 1.2.2 $A = \begin{pmatrix} 0 & 0 & 1 \\ 0 & 2 & -1 \\ \frac{1}{2} & -1 & 1 \end{pmatrix}$, $B = \begin{pmatrix} 2 & 1 & -1 \\ 0 & -3 & 4 \\ 1 & 0 & \frac{1}{7} \end{pmatrix}$ であるとき，次を計算せよ．

(1) $4A$　　(2) $(-6)B$　　(3) $2A - 7B$　　(4) $-2A + 4B$

1.3　行列の積

最初に 2 次行列 $A = \begin{pmatrix} a & b \\ c & d \end{pmatrix}$ と 2 次の列ベクトル $\boldsymbol{x} = \begin{pmatrix} x \\ y \end{pmatrix}$ の積を

$$A\boldsymbol{x} = \begin{pmatrix} a & b \\ c & d \end{pmatrix} \begin{pmatrix} x \\ y \end{pmatrix} = \begin{pmatrix} ax + by \\ cx + dy \end{pmatrix}$$

と定義する．

1.3 行列の積

■例 1.3.1 　いま，A 店と B 店での消しゴムと鉛筆の値段が以下の表で表されているとする：

	消しゴム	鉛筆
A 店	80 円	50 円
B 店	60 円	40 円

このとき，消しゴムを 1 個，鉛筆を 2 本買うときにその値段は，A 店では $80 \times 1 + 50 \times 2 = 180$ 円となり，B 店では $60 \times 1 + 40 \times 2 = 140$ 円となる．これをまとめて，以下のように，行列とベクトルの積で表すことができる．

$$\begin{pmatrix} 80 & 50 \\ 60 & 40 \end{pmatrix} \begin{pmatrix} 1 \\ 2 \end{pmatrix} = \begin{pmatrix} 80 \cdot 1 + 50 \cdot 2 \\ 60 \cdot 1 + 40 \cdot 2 \end{pmatrix} = \begin{pmatrix} 180 \\ 140 \end{pmatrix}.$$

次に 2 次行列 $A = \begin{pmatrix} a & b \\ c & d \end{pmatrix}, B = \begin{pmatrix} p & q \\ r & s \end{pmatrix}$ の**積**を

$$AB = \begin{pmatrix} a & b \\ c & d \end{pmatrix} \begin{pmatrix} p & q \\ r & s \end{pmatrix} = \begin{pmatrix} ap+br & aq+bs \\ cp+dr & cq+ds \end{pmatrix}$$

と定義する．

■例 1.3.2 　$\begin{pmatrix} 1 & 3 \\ 2 & 4 \end{pmatrix} \begin{pmatrix} 5 & 7 \\ 6 & 8 \end{pmatrix} = \begin{pmatrix} 1 \cdot 5 + 3 \cdot 6 & 1 \cdot 7 + 3 \cdot 8 \\ 2 \cdot 5 + 4 \cdot 6 & 2 \cdot 7 + 4 \cdot 8 \end{pmatrix} = \begin{pmatrix} 23 & 31 \\ 34 & 46 \end{pmatrix}$

一般に，A を $m \times n$ 行列，B を $n \times p$ 行列とする．このとき A の第 i 行と B の第 j 列はともに n 個の成分からなっているので，その対応する成分の積の和

$$c_{ij} = \sum_{k=1}^{n} a_{ik} b_{kj} = a_{i1} b_{1j} + a_{i2} b_{2j} + \cdots + a_{in} b_{nj} \quad (1 \leq i \leq m; 1 \leq j \leq p)$$

を (i,j) 成分とする $m \times p$ 行列を A と B の積といい，AB で表す．

$$\begin{pmatrix} a_{11} & \cdots & a_{1n} \\ \vdots & \ddots & \vdots \\ a_{i1} & \cdots & a_{in} \\ \vdots & \ddots & \vdots \\ a_{m1} & \cdots & a_{mn} \end{pmatrix} \begin{pmatrix} b_{11} & \cdots & b_{1j} & \cdots & b_{1p} \\ \vdots & \ddots & \vdots & \ddots & \vdots \\ b_{n1} & \cdots & b_{nj} & \cdots & b_{np} \end{pmatrix} = \begin{pmatrix} \cdot & \cdot & \cdot & \cdot & \cdot \\ \cdot & \cdot & \cdot & \cdot & \cdot \\ \cdot & \cdot & c_{ij} & \cdot & \cdot \\ \cdot & \cdot & \cdot & \cdot & \cdot \\ \cdot & \cdot & \cdot & \cdot & \cdot \end{pmatrix}$$

■例 1.3.3 $\begin{pmatrix} 3 & 0 \\ 1 & 4 \\ 5 & -3 \end{pmatrix}$ は 3×2 行列で $\begin{pmatrix} 1 & -2 \\ 3 & 7 \end{pmatrix}$ は 2×2 行列なので，積

$$\begin{pmatrix} 3 & 0 \\ 1 & 4 \\ 5 & -3 \end{pmatrix} \begin{pmatrix} 1 & -2 \\ 3 & 7 \end{pmatrix} = \begin{pmatrix} 3 \cdot 1 + 0 \cdot 3 & 3 \cdot (-2) + 0 \cdot 7 \\ 1 \cdot 1 + 4 \cdot 3 & 1 \cdot (-2) + 4 \cdot 7 \\ 5 \cdot 1 + (-3) \cdot 3 & 5 \cdot (-2) + (-3) \cdot 7 \end{pmatrix}$$

$$= \begin{pmatrix} 3 & -6 \\ 13 & 26 \\ -4 & -31 \end{pmatrix}$$

は定まる．しかし，積 $\begin{pmatrix} 1 & -2 \\ 3 & 7 \end{pmatrix} \begin{pmatrix} 3 & 0 \\ 1 & 4 \\ 5 & -3 \end{pmatrix}$ は定義されない．

問 1.3.1 $A = \begin{pmatrix} \frac{1}{2} & 0 \\ 0 & 1 \\ \sqrt{2} & 1 \end{pmatrix}$, $B = \begin{pmatrix} 2 & 4 & 0 \\ 1 & 3 & 1 \end{pmatrix}$, $C = \begin{pmatrix} 1 & 0 & 0 \\ 0 & 3 & \frac{3}{5} \\ 0 & 1 & 1 \end{pmatrix}$,

$D = \begin{pmatrix} 3 & 5 & 0 \\ -1 & 10 & 0 \\ 0 & 0 & 1 \end{pmatrix}$ であるとき，次を計算せよ．

(1) AB　　(2) BA　　(3) CD　　(4) DC　　(5) CA　　(6) BD

(ここで, AC, DB は定義されないが, その理由を述べよ.)

数の積と比べると行列 A, B の積の性質には以下のような違いがある：
 (1) AB と BA は一致するとはかぎらない.
 (2) A, B がともに零行列でなくとも $AB = O$ が成立する場合がある.
 (3) A が零行列でなくとも $AX = B, XA = B$ となる行列 X は存在するとはかぎらない.

■**例 1.3.4** 前記の (1), (2), (3) の例を与える.
(1) $\begin{pmatrix} 1 & 2 \\ 0 & 0 \end{pmatrix} \begin{pmatrix} 1 & 0 \\ 2 & 0 \end{pmatrix} = \begin{pmatrix} 5 & 0 \\ 0 & 0 \end{pmatrix}$ と $\begin{pmatrix} 1 & 0 \\ 2 & 0 \end{pmatrix} \begin{pmatrix} 1 & 2 \\ 0 & 0 \end{pmatrix} = \begin{pmatrix} 1 & 2 \\ 2 & 4 \end{pmatrix}$ は異なる.

(2) $\begin{pmatrix} 0 & 0 \\ 3 & 0 \end{pmatrix} \begin{pmatrix} 0 & 0 \\ 5 & 1 \end{pmatrix} = \begin{pmatrix} 0 & 0 \\ 0 & 0 \end{pmatrix}$ が成立する.

(3) $\begin{pmatrix} 1 & 0 \\ -1 & 0 \end{pmatrix} \begin{pmatrix} a & b \\ c & d \end{pmatrix} = \begin{pmatrix} 1 & 0 \\ 0 & 1 \end{pmatrix}$ が成り立つような, a, b, c, d が存在すると仮定すると, $a = 1, b = 0, -a = 0, -b = 1$ が成立して矛盾する.

このように, 行列の積では掛ける順序に注意する必要があり, 積 AB は A を B の**左から掛ける**, または B を A の**右から掛ける**という.

積についても以下の演算法則が数の場合と同様に成り立つ：

$$A(BC) = (AB)C,$$
$$A(B+C) = AB + AC,$$
$$(B+C)D = BD + CD,$$
$$(kA)B = k(AB) = A(kB).$$

以上の性質から, A, B, C の積 $A(BC) = (AB)C$ を単に ABC と書くことができる. また, 2次行列 A の 2 乗を $A^2 = AA$ と定め, 3 乗を $A^3 = AAA$ と定める. さらに A の $\boldsymbol{\ell}$ **乗**も $A^\ell = AA\cdots A$ と定める.

問 1.3.2 2次行列 $A = \begin{pmatrix} a & b \\ 0 & 1 \end{pmatrix}$ について，$A^2 = \begin{pmatrix} 9 & 5 \\ 0 & 1 \end{pmatrix}$ となるように，a, b の値を定めよ．

問 1.3.3 2次行列 $A = \begin{pmatrix} 1 & x \\ 0 & 1 \end{pmatrix}$ について，A^n を求めよ．

2次行列 $I = \begin{pmatrix} 1 & 0 \\ 0 & 1 \end{pmatrix}$ を2次の**単位行列**と呼ぶ．単位行列 I は，数の場合の 1 と同じような役割をになうもので，2次正方行列 A に対して $AI = IA = A$ が成り立つ．実際，

$$AI = \begin{pmatrix} a & b \\ c & d \end{pmatrix} \begin{pmatrix} 1 & 0 \\ 0 & 1 \end{pmatrix} = \begin{pmatrix} a \cdot 1 + b \cdot 0 & a \cdot 0 + b \cdot 1 \\ c \cdot 1 + d \cdot 0 & c \cdot 0 + d \cdot 1 \end{pmatrix} = \begin{pmatrix} a & b \\ c & d \end{pmatrix} = A$$

$IA = A$ も同様に示される．一般に n 次行列で $a_{11} = a_{22} = \cdots = a_{nn} = 1$ でそれ以外の成分が 0 である行列を n 次の単位行列と呼ぶ．この行列も 2 次の単位行列と同様に n 次正方行列 A に対して $AI = IA = A$ という性質をもつ．また，零行列 O に対しては，$AO = OA = O$ が成り立つ．

問 1.3.4 2次行列 A で $A^2 = A$ を満たすものをすべて求めよ．

1.4 正則行列

今後，主に 2 次正方行列を扱う．2 次行列 A が正則であるとは，2 次行列 X が存在して

$$AX = XA = I \tag{1.2}$$

を満たすことをいう．

■**例 1.4.1** 2次行列 $A = \begin{pmatrix} 1 & 3 \\ 0 & 1 \end{pmatrix}$ は正則である．実際 $X = \begin{pmatrix} 1 & -3 \\ 0 & 1 \end{pmatrix}$ に

対して $AX = XA = I$ が成立する．一方，2次行列 $B = \begin{pmatrix} 1 & 2 \\ 0 & 0 \end{pmatrix}$ は正則ではない．実際，任意の2次行列 $X = \begin{pmatrix} x_1 & y_1 \\ x_2 & y_2 \end{pmatrix}$ に対して

$$BX = \begin{pmatrix} x_1 + 2x_2 & y_1 + 2y_2 \\ 0 & 0 \end{pmatrix}$$

となり，これは決して単位行列 I には等しくならない．

ところで，正則行列 A に対して (1.2) を満たす X はただ1つしかないことが，次のようにしてわかる．いま X のほかに，もう1つ $AY = YA = I$ を満たす Y があったとすると，

$$X = XI = X(AY) = (XA)Y = IY = Y$$

が成り立つ．このことから，(1.2) を満たす X は A だけから定まることがわかり，この X を今後 A^{-1} と書き，A の**逆行列**と呼ぶ．すなわち，A の逆行列とは

$$AA^{-1} = A^{-1}A = I$$

によって定まる正方行列 A^{-1} のことである．

例 1.4.1 より，$A = \begin{pmatrix} 1 & 3 \\ 0 & 1 \end{pmatrix}^{-1} = \begin{pmatrix} 1 & -3 \\ 0 & 1 \end{pmatrix}$ である．2次正則行列の逆行列の求め方は第 1.6 節で与えられる．

次に逆行列に関する性質をいくつかまとめる．

【定理 1.4.1】（逆行列の性質） A, B を正則行列とするとき，A^{-1}, AB はともに正則で，

(1) $(A^{-1})^{-1} = A$

(2) $(AB)^{-1} = B^{-1}A^{-1}$

が成り立つ．

証明　(1) A が正則で A^{-1} がその逆行列なので，

$$AA^{-1} = A^{-1}A = I$$

が成立する．これは，A^{-1} の立場から見ると A^{-1} が正則で A がその逆行列であることを示している．

(2) A, B が正則なので，それらは，逆行列 A^{-1}, B^{-1} をもち，積 $B^{-1}A^{-1}$ が定まる．したがって，$B^{-1}A^{-1}$ が AB の逆行列であることを示せばよい．実際，

$$\begin{aligned}
(AB)(B^{-1}A^{-1}) &= ((AB)B^{-1})A^{-1} = (A(BB^{-1}))A^{-1} \\
&= (AI)A^{-1} = AA^{-1} = I, \\
(B^{-1}A^{-1})(AB) &= ((B^{-1}A^{-1})A)B = (B^{-1}(A^{-1}A))B \\
&= (B^{-1}I)B = B^{-1}B = I.
\end{aligned}$$ □

定理 1.4.1 (1) と例 1.4.1 より，$\begin{pmatrix} 1 & -3 \\ 0 & 1 \end{pmatrix}$ の逆行列は $\begin{pmatrix} 1 & 3 \\ 0 & 1 \end{pmatrix}$ であることがわかる．

問 1.4.1　A, B, C を n 次正則行列とするとき次を示せ．
(1) $(ABC)^{-1} = C^{-1}B^{-1}A^{-1}$
(2) $(A^m)^{-1} = (A^{-1})^m$

問 1.4.2　2 次行列 A が $A^2 + A - 2I = O$ を満たすならば A は正則行列であることを示せ．

1.5　転置行列

$m \times n$ 行列に対して，その行と列を入れ替えてできる $n \times m$ 行列を A の

転置行列といい，これを ^tA と表す．例えば，$^t\begin{pmatrix} 1 & 2 & 8 \\ \sqrt{3} & 0 & -1 \end{pmatrix} = \begin{pmatrix} 1 & \sqrt{3} \\ 2 & 0 \\ 8 & -1 \end{pmatrix}$

である．

転置行列は以下の性質をもつ．

【定理 1.5.1】(転置行列の性質) 行列の転置について，以下の性質がある．
(1) $^t(^tA) = A$
(2) $^t(A+B) = {}^tA + {}^tB$
(3) $^t(AB) = {}^tB\,{}^tA$
(4) $^t(kA) = k\,{}^tA$

特に，n 次正方行列 A に対しては以下の性質がある．
(5) A が正則行列のとき ^tA も正則行列で $(^tA)^{-1} = {}^t(A^{-1})$ が成り立つ．

証明 (1), (2), (4) は定義から明らかに成り立つ．(3) についてここでは，2次行列の場合に証明する．

(3) $A = \begin{pmatrix} a & b \\ c & d \end{pmatrix}, B = \begin{pmatrix} p & q \\ r & s \end{pmatrix}$ に対して，$^tA = \begin{pmatrix} a & c \\ b & d \end{pmatrix}, {}^tB = \begin{pmatrix} p & r \\ q & s \end{pmatrix}$

である．したがって，$^tB\,{}^tA = \begin{pmatrix} pa+rb & pc+rd \\ qa+sb & qc+sd \end{pmatrix}$ である．一方，$AB = \begin{pmatrix} ap+br & aq+bs \\ cp+dr & cq+ds \end{pmatrix}$ なので，$^t(AB) = {}^tB\,{}^tA$ が成り立つ．

(5) (3) より
$$^t(A^{-1})\,{}^tA = {}^t(AA^{-1}) = {}^tI = I$$
$$^tA\,{}^t(A^{-1}) = {}^t(A^{-1}A) = {}^tI = I$$

が成り立ち，^tA も正則行列であり $(^tA)^{-1} = {}^t(A^{-1})$ となる． □

定理 1.5.1 (5) と例 1.4.1 から，$\begin{pmatrix} 1 & 0 \\ 3 & 1 \end{pmatrix}$ の逆行列は $\begin{pmatrix} 1 & 0 \\ -3 & 1 \end{pmatrix}$ であることがわかる．

$\begin{pmatrix} a & 0 \\ 0 & d \end{pmatrix}$ の形の行列 D を 2 次対角行列と呼ぶ．このとき，${}^t D = D$ を満たす．より一般に 2 次行列 A が ${}^t A = A$ を満たすとき，A は 2 次**対称行列**と呼ばれる．$\begin{pmatrix} a & b \\ c & d \end{pmatrix}$ が 2 次対称行列であることは $b = c$ が成り立つことであり，$\begin{pmatrix} a & b \\ b & d \end{pmatrix}$ の形をした行列である．例えば，$\begin{pmatrix} 1 & 2 \\ 2 & 0 \end{pmatrix}$ は対称行列である．

また，2 次正方行列 A が ${}^t A = -A$ を満たすとき，A を 2 次**交代行列**と呼ぶ．成分で表すと，
$$\begin{pmatrix} a & b \\ c & d \end{pmatrix} = \begin{pmatrix} -a & -c \\ -b & -d \end{pmatrix}$$
が成り立つことである．したがって $\begin{pmatrix} 0 & b \\ -b & 0 \end{pmatrix}$ の形をした行列である．例えば，$\begin{pmatrix} 0 & 2 \\ -2 & 0 \end{pmatrix}$ は 2 次交代行列である．

問 1.5.1 (1) 任意の 2 次行列 A に対して，$A + {}^t A$ は対称行列となり，$A - {}^t A$ は交代行列となることを示せ．

(2) 任意の 2 次行列は，対称行列と交代行列の和としてただ 1 通りに表されることを示せ．

(3) $A = \begin{pmatrix} 1 & 2 \\ 3 & 4 \end{pmatrix}$ を対称行列と交代行列の和で表せ．

問 1.5.2 対称行列であり同時に交代行列であるような 2 次行列は零行列にかぎることを示せ．

1.6　行列と連立1次方程式

この節では，連立1次方程式の解法に関して，行列と関係づけて解説する．最初に見たように連立1次方程式

$$\begin{cases} ax + by = e \\ cx + dy = f \end{cases} \tag{1.3}$$

に対して，その係数だけを並べると

$$\begin{pmatrix} a & b \\ c & d \end{pmatrix} \tag{1.4}$$

や

$$\begin{pmatrix} a & b & e \\ c & d & f \end{pmatrix} \tag{1.5}$$

となるが，(1.4) を (1.3) の**係数行列**，(1.5) を**拡大係数行列**と呼ぶ．このとき，(1.4) を A と表し，$\boldsymbol{b} = \begin{pmatrix} e \\ f \end{pmatrix}, \boldsymbol{x} = \begin{pmatrix} x \\ y \end{pmatrix}$ とすると，連立1次方程式 (1.3) は

$$A\boldsymbol{x} = \boldsymbol{b}$$

と書かれる．

問 1.6.1　次の連立1次方程式の係数行列と拡大係数行列を求めよ．

(1) $\begin{cases} x + 3y = \sqrt{2} \\ 2x = 3 \end{cases}$ ，　(2) $\begin{cases} 49x + 3y = 25 \\ 1000x + \frac{1}{2}y = -34 \end{cases}$

中学校や高等学校で習った，連立方程式の解法には代入法と消去法の2つの方法があった．ここでは，消去法について解説する．最初に以下の例を考える．

■**例 1.6.1** 連立 1 次方程式

$$\begin{cases} 2x + y = 1 & \text{①} \\ 5x + 3y = 2 & \text{②} \end{cases} \tag{1.6}$$

を消去法で解いてみる．最初に方程式①の $2x$ を用いて方程式②の $5x$ を消去するために，①の両辺を $\dfrac{5}{2}$ 倍して②から両辺を引くと

$$\frac{1}{2}y = -\frac{1}{2}$$

となる．したがって，連立 1 次方程式は

$$\begin{cases} 2x + y = 1 & \text{①} \\ \dfrac{1}{2}y = -\dfrac{1}{2} & \text{②}' \end{cases} \tag{1.7}$$

となる．このとき，方程式②′の両辺を 2 倍すると

$$\begin{cases} 2x + y = 1 & \text{①} \\ y = -1 & \text{②}'' \end{cases} \tag{1.8}$$

となり，さらに，①の y を消去するために①の両辺から②″の両辺をそれぞれ引くと

$$\begin{cases} 2x = 2 & \text{①}' \\ y = -1 & \text{②}'' \end{cases} \tag{1.9}$$

となる．最後に方程式①′の両辺を 2 で割ると，解

$$\begin{cases} x = 1 & \text{①}'' \\ y = -1 & \text{②}'' \end{cases} \tag{1.10}$$

が得られる．

この**消去法**で許される方程式の変形は以下の 3 種類である：

(1) 1つの方程式に0でない数を掛ける.
(2) 1つの方程式にある数を掛けて他の方程式に加える.
(3) 2つの方程式を入れ替える.

いま，この例での連立1次方程式に対応する拡大係数行列の変化を書いてみると以下のようになる.

$$\begin{pmatrix} 2 & 1 & 1 \\ 5 & 3 & 2 \end{pmatrix} \tag{1.11}$$

$$\begin{pmatrix} 2 & 1 & 1 \\ 0 & \frac{1}{2} & -\frac{1}{2} \end{pmatrix} \tag{1.12}$$

$$\begin{pmatrix} 2 & 1 & 1 \\ 0 & 1 & -1 \end{pmatrix} \tag{1.13}$$

$$\begin{pmatrix} 2 & 0 & 2 \\ 0 & 1 & -1 \end{pmatrix} \tag{1.14}$$

$$\begin{pmatrix} 1 & 0 & 1 \\ 0 & 1 & -1 \end{pmatrix} \tag{1.15}$$

これらの変形は，以下のように観察することができる．最初の拡大係数行列 (1.11) の第1行を $-\frac{5}{2}$ 倍して第2行に加える．次に行列 (1.12) の第2行を2倍する．さらに，(1.12) の第2行を -1 倍して第1行に加える．最後に (1.13) の第1行を $\frac{1}{2}$ 倍すると，係数行列部分が単位行列 I となり，最後の列に連立1次方程式 (1.6) の解が得られる．これらの変形は式の代わりに，行列の行を当てはめれば対応する変形であることがわかる．まとめると，行列の行に関する次の3つの変形を行っていることになる：

(1) 1つの行に0でない数を掛ける.
(2) 1つの行にある数を掛けて他の行に加える.
(3) 2つの行を入れ替える.

これらを行列の**行基本変形**と呼ぶ.

例では拡大係数行列に対してこの基本変形の (1), (2) を何回か行い最終的に係数行列が単位行列になったとき，拡大係数行列の最終列に並んだ数が解となっている．このとき (1,1) 成分を使い第 1 列の他の成分を 0 にすることが (1.11) から (1.12) の変形において行われている．このことを (1,1) 成分による第 1 列の**掃き出し**という．このように連立 1 次方程式の消去法は拡大係数行列の行に関して掃き出しを繰り返し行うことに対応しているので**掃き出し法**とも呼ばれる．

ここでは，解がない場合や，無限に多くの解をもつ場合にもふれておく．

■ 例 1.6.2

$$\begin{cases} 3x + 15y = 7 \\ x + 5y = 6 \end{cases} \quad \begin{pmatrix} 3 & 15 & 7 \\ 1 & 5 & 6 \end{pmatrix} \qquad (1.16)$$

前の例で見たように拡大係数行列の行基本変形を行えばよい．まず (1,1) 成分により第 1 列の掃き出しを行おうとすると，第 1 行を 3 で割らなければならないが 7 が 3 で割り切れず，分数が現れ計算が複雑になりそうである．このような場合，(2,1) 成分が 1 なので，最初に第 1 行と第 2 行の入れ替えを行うとよい．その結果，拡大係数行列は

$$\begin{pmatrix} 1 & 5 & 6 \\ 3 & 15 & 7 \end{pmatrix} \qquad (1.17)$$

となる．そこで，(1,1) 成分により第 1 列の掃き出しを行うと

$$\begin{pmatrix} 1 & 5 & 6 \\ 0 & 0 & -11 \end{pmatrix} \qquad (1.18)$$

となる．ここで，さらに (2,2) 成分で第 2 列を掃き出そうとすると，この (2,2) 成分は 0 なので不可能である．したがって，掃き出しはここで中止しなけれ

ばならない．そこで，(1.18) の拡大係数行列に対応する連立 1 次方程式に戻ってみると

$$\begin{cases} x + 5y = 6 \\ 0 = -11 \end{cases} \tag{1.19}$$

である．この第 2 式は矛盾であるから，(1.19) を満足する x, y は存在しない．したがって，(1.16) の連立 1 次方程式は解をもたない．

■ 例 1.6.3

$$\begin{cases} x + 5y = 6 \\ 3x + 15y = 18 \end{cases} \quad \begin{pmatrix} 1 & 5 & 6 \\ 3 & 15 & 18 \end{pmatrix} \tag{1.20}$$

ここでも拡大係数行列の基本変形を行う．まず，(1,1) 成分により第 1 列を掃き出すと

$$\begin{pmatrix} 1 & 5 & 6 \\ 0 & 0 & 0 \end{pmatrix} \tag{1.21}$$

となり，対応する連立 1 次方程式は

$$\begin{cases} x + 5y = 6 \\ 0 = 0 \end{cases} \tag{1.22}$$

である．連立方程式 (1.22) は矛盾を含んでいないので，ここで，c を任意の定数として $y = c$ とおくと

$$x = 6 - 5c, \qquad y = c$$

が求める解で，この場合は無限に多くの解が存在する．

問 1.6.2 掃き出し法により，次の連立 1 次方程式を解け．

(1) $\begin{cases} x + 2y = 13 \\ 6x - 4y = -2 \end{cases}$ (2) $\begin{cases} 4x + 2y = 13 \\ 6x + 3y = -5 \end{cases}$ (3) $\begin{cases} 3x + 2y = 1 \\ \dfrac{9}{4}x + \dfrac{3}{2}y = \dfrac{3}{4} \end{cases}$

上の例に現れた係数行列の最終的な形は

$$\begin{pmatrix} 1 & 0 \\ 0 & 1 \end{pmatrix}, \quad \begin{pmatrix} 1 & 5 \\ 0 & 0 \end{pmatrix}$$

であるが，このような形の行列を階段行列と呼ぶ．一般の 2 次行列では

$$\begin{pmatrix} 0 & 0 \\ 0 & 0 \end{pmatrix}, \quad \begin{pmatrix} 0 & 1 \\ 0 & 0 \end{pmatrix}, \quad \begin{pmatrix} 1 & \alpha \\ 0 & 0 \end{pmatrix} (\alpha \text{ は任意の実数}), \quad \begin{pmatrix} 1 & 0 \\ 0 & 1 \end{pmatrix}$$

の形の行列を **2 次の階段行列**と呼ぶ．

【定理 1.6.1】 任意の 2 次行列 A は行基本変形を何回か行うことにより階段行列 B に変形できる．

証明 A が零行列 O のときはすでに階段行列なので，A が零行列でない場合を考える．

$$A = \begin{pmatrix} a & b \\ c & d \end{pmatrix} \tag{1.23}$$

とする．$a = c = 0$ のとき，第 2 列には 0 以外の成分がある．(1,2) 成分 b が 0 でないとき，第 1 行を $1/b$ 倍することにより，(1,2) 成分を 1 にできる．この 1 を使って第 2 列を掃き出すと階段行列となる．もし，(1,2) 成分 b が 0 のときは，(2,2) 成分 d が 0 でないので，第 1 行と第 2 行を入れ替えて (1,2) 成分を 0 でないようにできる．

$$\begin{pmatrix} 0 & 0 \\ 0 & d \end{pmatrix} \xrightarrow{1 \text{ 行と 2 行の入れ替え}} \begin{pmatrix} 0 & d \\ 0 & 0 \end{pmatrix} \xrightarrow{1 \text{ 行} \times \frac{1}{d}} \begin{pmatrix} 0 & 1 \\ 0 & 0 \end{pmatrix}$$

1.6 行列と連立1次方程式

と行基本変形をすると, この場合階段行列は

$$B = \begin{pmatrix} 0 & 1 \\ 0 & 0 \end{pmatrix} \tag{1.24}$$

となる. 次に, 第1列に0でない成分がある場合, (1,1)成分 a が0でないと仮定するならば, 第1行を $1/a$ 倍することにより (1,1) 成分を1にすると

$$\begin{pmatrix} 1 & \dfrac{b}{a} \\ c & d \end{pmatrix} \tag{1.25}$$

となり, この1を使って, 第1列を掃き出すには, 第1行を $-c$ 倍して第2行に加えればよい. その結果,

$$\begin{pmatrix} 1 & \dfrac{b}{a} \\ 0 & \dfrac{ad-bc}{a} \end{pmatrix} \tag{1.26}$$

が得られる. 次に (2,2) 成分 $ad-bc$ が0のときはすでに階段行列の一種である. (2,2) 成分 $ad-bc$ が0でないときは, 第2行を $a/(ad-bc)$ 倍して (2,2) 成分を1にする. それを用いて第2列を掃き出すと単位行列となるが, 単位行列は階段行列の一種である. また, (1,1) 成分 a が0のときは, (2,1) 成分 c が0でないので, 第1行と第2行の入れ替えを行えば,

$$\begin{pmatrix} c & d \\ 0 & b \end{pmatrix} \tag{1.27}$$

となる. ここで, 第1行を $1/c$ 倍すると

$$\begin{pmatrix} 1 & \dfrac{d}{c} \\ 0 & b \end{pmatrix} \tag{1.28}$$

が得られる．さらに，$b = 0$ のときはすでに，階段行列である．また，b が零でないときは，第 2 行を $1/b$ 倍して

$$\begin{pmatrix} 1 & \dfrac{d}{c} \\ 0 & 1 \end{pmatrix} \quad (1.29)$$

が得られ，この (2,2) 成分で第 2 列を掃き出せば単位行列が得られる．これですべての場合が尽くされたので定理が証明された． □

問 1.6.3 次の行列を行基本変形により階段行列に変形せよ．

(1) $\begin{pmatrix} 1 & \dfrac{3}{5} \\ 5 & 3 \end{pmatrix}$ (2) $\begin{pmatrix} 2 & \sqrt{2} \\ \sqrt{2} & 1 \end{pmatrix}$ (3) $\begin{pmatrix} 0 & 0 \\ 0 & 3 \end{pmatrix}$ (4) $\begin{pmatrix} 0 & \sqrt{3} \\ \sqrt{3} & 3 \end{pmatrix}$

【系 1.6.2】 2 次行列 $A = \begin{pmatrix} a & b \\ c & d \end{pmatrix}$ の階段行列が単位行列になるための必要十分条件は $ad - bc \neq 0$ が成り立つことである．

証明 定理 1.6.1 の証明において，階段行列が単位行列になる場合は，$a = 0, b \neq 0, c \neq 0$ の場合と $a \neq 0, ad - bc \neq 0$ の場合で，いずれの場合も $ad - bc \neq 0$ を満たしている．また，階段行列が単位行列にならない場合は $A = O$；$a = c = 0$；$a \neq 0$ かつ $ad - bc = 0$；$c \neq 0, a = 0$ の 4 通りであり，いずれにせよ，$ad - bc = 0$ である． □

ここで，連立 1 次方程式

$$\begin{cases} ax + by = e \\ cx + dy = f \end{cases} \quad (1.30)$$

の拡大係数行列
$$\begin{pmatrix} a & b & e \\ c & d & f \end{pmatrix} \tag{1.31}$$
を考える．係数行列
$$A = \begin{pmatrix} a & b \\ c & d \end{pmatrix} \tag{1.32}$$
に行基本変形を何回か行って階段行列 B に変形できたとする．このとき同時に拡大係数行列にも同じ行基本変形を行うと，列ベクトル $\begin{pmatrix} e \\ f \end{pmatrix}$ はある列ベクトル $\begin{pmatrix} g \\ h \end{pmatrix}$ に変形される．A は零行列でない場合を考えるとすると，B は

$$\begin{pmatrix} 0 & 1 \\ 0 & 0 \end{pmatrix}, \quad \begin{pmatrix} 1 & \alpha \\ 0 & 0 \end{pmatrix} \; (\alpha \text{ は任意の実数}), \quad \begin{pmatrix} 1 & 0 \\ 0 & 1 \end{pmatrix}$$

のいずれかになる．$B = \begin{pmatrix} 0 & 1 \\ 0 & 0 \end{pmatrix}$ の場合，$h \neq 0$ のときは矛盾となり，解は存在しない．また，$h = 0$ のとき，c を任意の実数とすると，$x = c, y = g$ が解となり，解は無限個存在する．次に，$B = \begin{pmatrix} 1 & \alpha \\ 0 & 0 \end{pmatrix}$ の場合，$h \neq 0$ のときは矛盾となり，解は存在しない．また，$h = 0$ のとき，c を任意の実数とすると $x = g - \alpha c, y = c$ が解となり，解は無限個存在する．最後に，$B = \begin{pmatrix} 1 & 0 \\ 0 & 1 \end{pmatrix}$ の場合は $x = h, y = g$ がただ 1 つの解となる．$B = \begin{pmatrix} 1 & 0 \\ 0 & 1 \end{pmatrix}$ になる場合は系 1.6.2 から $ad - bc \neq 0$ の場合だったので，以下の系が得られる．

【系 1.6.3】 連立 1 次方程式

$$\begin{cases} ax + by = e \\ cx + dy = f \end{cases} \tag{1.33}$$

がただ 1 つの解をもつための必要十分条件は $ad - bc \neq 0$ である．

一方，行列 $\begin{pmatrix} a & b \\ c & d \end{pmatrix}$ が正則とすると，$X = \begin{pmatrix} x & z \\ y & w \end{pmatrix}$ が存在して，$AX = I$ が成立する．したがって

$$\begin{pmatrix} a & b \\ c & d \end{pmatrix} \begin{pmatrix} x & z \\ y & w \end{pmatrix} = \begin{pmatrix} ax+by & az+bw \\ cx+dy & cz+dw \end{pmatrix} = \begin{pmatrix} 1 & 0 \\ 0 & 1 \end{pmatrix}$$

なので，連立 1 次方程式

$$\begin{cases} ax + by = 1 \\ cx + dy = 0 \end{cases} \qquad \begin{cases} az + bw = 0 \\ cz + dw = 1 \end{cases}$$

がただ 1 つの解をもち，$ad - bc \neq 0$ が成り立つ．実際，拡大係数行列は $a \neq 0, ad - bc \neq 0$ のとき，

$$\begin{pmatrix} a & b & 1 \\ c & d & 0 \end{pmatrix} \xrightarrow{1 \text{行} \times \frac{1}{a}} \begin{pmatrix} 1 & \frac{b}{a} & \frac{1}{a} \\ c & d & 0 \end{pmatrix} \xrightarrow{2 \text{行} -1 \text{行} \times c} \begin{pmatrix} 1 & \frac{b}{a} & \frac{1}{a} \\ 0 & d-\frac{bc}{a} & -\frac{c}{a} \end{pmatrix}$$

$$\xrightarrow{2 \text{行} \times \frac{a}{ad-bc}} \begin{pmatrix} 1 & \frac{b}{a} & \frac{1}{a} \\ 0 & 1 & -\frac{c}{ad-bc} \end{pmatrix} \xrightarrow{1 \text{行} -2 \text{行} \times \frac{b}{a}} \begin{pmatrix} 1 & 0 & \frac{d}{ad-bc} \\ 0 & 1 & -\frac{c}{ad-bc} \end{pmatrix}$$

と行基本変形でき，$a=0, c\neq 0, b\neq 0$ のときは

$$\begin{pmatrix} 0 & b & 1 \\ c & d & 0 \end{pmatrix} \xrightarrow{\text{1行と2行の入れ替え}} \begin{pmatrix} c & d & 0 \\ 0 & b & 1 \end{pmatrix} \xrightarrow{\text{1行}\times\frac{1}{c}} \begin{pmatrix} 1 & \frac{d}{c} & 0 \\ 0 & b & 1 \end{pmatrix}$$

$$\xrightarrow{\text{2行}\times\frac{1}{b}} \begin{pmatrix} 1 & \frac{d}{c} & 0 \\ 0 & 1 & \frac{1}{b} \end{pmatrix} \xrightarrow{\text{1行}-\text{2行}\times\frac{d}{c}} \begin{pmatrix} 1 & 0 & -\frac{d}{bc} \\ 0 & 1 & \frac{1}{b} \end{pmatrix}$$

となる．いずれにせよ解は $\begin{pmatrix} x \\ y \end{pmatrix} = \begin{pmatrix} \frac{d}{ad-bc} \\ -\frac{c}{ad-bc} \end{pmatrix}$ となる．同様にもう一方の方程式の解も $\begin{pmatrix} z \\ w \end{pmatrix} = \begin{pmatrix} -\frac{b}{ad-bc} \\ \frac{a}{ad-bc} \end{pmatrix}$ となることがわかるので，

$$X = \begin{pmatrix} \frac{d}{ad-bc} & -\frac{b}{ad-bc} \\ -\frac{c}{ad-bc} & \frac{a}{ad-bc} \end{pmatrix}$$

である．また，実際に計算すると $XA = I$ を満たすこともわかり，X は A の逆行列である．したがって，以下の定理が成り立つ．

【定理 1.6.4】 行列 $A = \begin{pmatrix} a & b \\ c & d \end{pmatrix}$ が正則であるための必要十分条件は $ad - bc \neq 0$ であり，このときその逆行列は

$$A^{-1} = \begin{pmatrix} \frac{d}{ad-bc} & -\frac{b}{ad-bc} \\ -\frac{c}{ad-bc} & \frac{a}{ad-bc} \end{pmatrix}$$

で与えられる．

問 1.6.4 $X = \begin{pmatrix} \dfrac{d}{ad-bc} & -\dfrac{b}{ad-bc} \\ -\dfrac{c}{ad-bc} & \dfrac{a}{ad-bc} \end{pmatrix}$ としたときに $XA = I$ を確かめよ．

一方，前記の 2 つの連立 1 次方程式は同じ係数行列 $\begin{pmatrix} a & b \\ c & d \end{pmatrix}$ をもつので，拡大係数行列

$$\begin{pmatrix} a & b & 1 \\ c & d & 0 \end{pmatrix}, \quad \begin{pmatrix} a & b & 0 \\ c & d & 1 \end{pmatrix}$$

はそれぞれ，同じ行基本変形を用いた掃き出し法を用いたことになるので，手間を省いて

$$\begin{pmatrix} a & b & 1 & 0 \\ c & d & 0 & 1 \end{pmatrix}$$

に直接，掃き出し法を施してもよい．その場合，$ad - bc \neq 0$ のときは，行基本変形を繰り返しているので，最終的に

$$\begin{pmatrix} 1 & 0 & \dfrac{d}{ad-bc} & -\dfrac{b}{ad-bc} \\ 0 & 1 & -\dfrac{c}{ad-bc} & \dfrac{a}{ad-bc} \end{pmatrix}$$

が得られる．行列 $A = \begin{pmatrix} a & b \\ c & d \end{pmatrix}$ の階段行列が単位行列でないときは，A は正則ではない．したがって，以下の定理が得られた．

【定理 1.6.5】 行列 $A = \begin{pmatrix} a & b \\ c & d \end{pmatrix}$ が正則行列であるための必要十分条件は，A の階段行列が単位行列となることである．さらにその場合，行列

$$(A, I) = \begin{pmatrix} a & b & 1 & 0 \\ c & d & 0 & 1 \end{pmatrix}$$

に行基本変形を繰り返し施すことにより，

$$(I, A^{-1}) = \begin{pmatrix} 1 & 0 & \dfrac{d}{ad-bc} & -\dfrac{b}{ad-bc} \\ 0 & 1 & -\dfrac{c}{ad-bc} & \dfrac{a}{ad-bc} \end{pmatrix}$$

が得られる．

問 1.6.5 次の 2 次行列の逆行列を求めよ．

(1) $\begin{pmatrix} 1 & 2 \\ 3 & 4 \end{pmatrix}$, (2) $\begin{pmatrix} \sqrt{5} & 4 \\ 1 & \sqrt{5} \end{pmatrix}$, (3) $\begin{pmatrix} \dfrac{3}{4} & \sqrt{7} \\ \sqrt{7} & 8 \end{pmatrix}$, (4) $\begin{pmatrix} 50 & 499 \\ 2 & 20 \end{pmatrix}$

これらの問いの例を計算してみると，定理 1.6.4 の公式に直接当てはめるほうが掃き出し法を用いて，逆行列を求めるよりはるかに単純な場合が多いことがわかる．しかし，この事実は本書が 2 次行列にかぎって解説しているためである．実際，n 次行列の行列式ははるかに複雑で計算が大変であり，通常 3 次以上の正則行列の逆行列を求める場合は，掃き出し法のほうが遥かに易しいことが多い．読者が今後，一般の線形代数を学ぶ場合の手助けにするために，ここでは敢えて 2 次行列の場合の掃き出し法による逆行列の求め方を解説してみた．

次に，定理 1.6.5 から連立 1 次方程式

$$\begin{cases} ax + by = e \\ cx + dy = f \end{cases} \qquad (1.34)$$

がただ 1 つの解をもつための必要十分条件は $ad - bc \neq 0$ であった．このとき，係数行列 A と未知数のベクトル $\boldsymbol{x} = \begin{pmatrix} x \\ y \end{pmatrix}$，定数項ベクトル $\boldsymbol{b} = \begin{pmatrix} e \\ f \end{pmatrix}$ を用いて連立 1 次方程式は

$$A\boldsymbol{x} = \boldsymbol{b}$$

と書き表された．いま，A は正則なので，この式の両辺に，A の逆行列 A^{-1} を左から掛けると

$$x = A^{-1}Ax = A^{-1}b$$

となり，$x = A^{-1}b$ がそのただ 1 つの解である．したがって，定理 1.6.4 から

$$x = \begin{pmatrix} \dfrac{d}{ad-bc} & -\dfrac{b}{ad-bc} \\ -\dfrac{c}{ad-bc} & \dfrac{a}{ad-bc} \end{pmatrix} \begin{pmatrix} e \\ f \end{pmatrix} = \begin{pmatrix} \dfrac{de-bf}{ad-bc} \\ \dfrac{af-ce}{ad-bc} \end{pmatrix}$$

となり，解は

$$x = \frac{de-bf}{ad-bc}, \qquad y = \frac{af-ce}{ad-bc}$$

である．この解の公式を**クラメルの公式**と呼ぶ．

ここで，行列 $A = \begin{pmatrix} a & b \\ c & d \end{pmatrix}$ に対して

$$\det A = \det \begin{pmatrix} a & b \\ c & d \end{pmatrix} = ad - bc$$

とおき，A の行列式と呼ぶ．A の行列式の記号としては

$$|A| = \begin{vmatrix} a & b \\ c & d \end{vmatrix}$$

という記号があるが，本書では，絶対値の記号と混乱する可能性があるので det のみを用いる．また，行列式は 2 次行列だけではなく一般の n 次正方行列にも定義されるが，それらは入門という本書のレベルを超えるのでここでは述べない．実際，行列式は定義を与えるだけで，結構な準備が必要となる．この行列式という式を用いると，上に与えたクラメルの公式は以下のようにまとめることができる．

1.6 行列と連立1次方程式

【定理 1.6.6】 (1) 連立1次方程式

$$\begin{cases} ax + by = e \\ cx + dy = f \end{cases} \tag{1.35}$$

がただ1つの解をもつための必要十分条件は $\det \begin{pmatrix} a & b \\ c & d \end{pmatrix} \neq 0$ であり，このときその解は

$$x = \frac{\det \begin{pmatrix} e & b \\ f & d \end{pmatrix}}{\det \begin{pmatrix} a & b \\ c & d \end{pmatrix}}, \quad y = \frac{\det \begin{pmatrix} a & e \\ c & f \end{pmatrix}}{\det \begin{pmatrix} a & b \\ c & d \end{pmatrix}}$$

となる．

(2) $\det \begin{pmatrix} a & b \\ c & d \end{pmatrix} = 0$ のときは解が存在しないか無限個の解が存在する．

特に，$e = f = 0$ の場合，連立1次方程式

$$\begin{cases} ax + by = 0 \\ cx + dy = 0 \end{cases} \tag{1.36}$$

は**同次形の連立1次方程式**と呼ばれ，いつでも $x = y = 0$ を解としてもつ．この解，$\boldsymbol{x} = \boldsymbol{0}$ を同次連立1次方程式の**自明な解**と呼ぶ．定理 1.6.6 の系として以下が成り立つ．

【系 1.6.7】 同次形の連立1次方程式

$$\begin{cases} ax + by = 0 \\ cx + dy = 0 \end{cases} \tag{1.37}$$

が自明な解のみをもつための必要十分条件は $\det \begin{pmatrix} a & b \\ c & d \end{pmatrix} \neq 0$ であり，

$\det \begin{pmatrix} a & b \\ c & d \end{pmatrix} = 0$ のときは無限個の解をもつ．

ここで，なにも行列式等という大げさな名前をもち出さずとも，式 $ad - bc$ で，これらの定理や系を書くことができるからそれで十分ではないかと思われるかもしれない．しかし，本書ではふれていないが，この形の公式は未知数や方程式の数が増えた一般の n 次の正方行列で書かれる連立 1 次方程式にもそのままの形で一般化されるので，このような表現を見ておくとその後，一般化された場合を学ぶ場合でもすんなりと受け入れられると思われる．また，この行列式にはここで述べた連立 1 次方程式の解の公式を与えるための式という意味だけではなく，非常に重要な幾何学的意味があるということが次節以降で明らかになるであろう．

問 1.6.6 以下の連立 1 次方程式をクラメルの公式を用いて解け．

(1) $\begin{cases} x + 2y = 1 \\ 3x + 4y = 1 \end{cases}$
(2) $\begin{cases} \sqrt{5}x + 3y = \sqrt{3} \\ x + \sqrt{5}y = 1 \end{cases}$

(3) $\begin{cases} \dfrac{3}{4}x + \sqrt{7}y = 1 \\ \sqrt{7}x + 16y = 4 \end{cases}$
(4) $\begin{cases} 100x + 499y = 37 \\ x + 5y = 3 \end{cases}$

第2章
2次行列と平面図形

2.1 平面上のベクトル

　最初に平面について復習する．平面において，直交座標を入れるには，まず原点 O を決めて，そこを通る直交する2本の直線を考え，それらを x 軸，y 軸と名づける．その方法は2通りあるが，ここでは，通常の場合に従って，x 軸原点 O から右の方向を正として，さらに原点を中心に90度だけ，時計と逆向きに回転させたものを y 軸とする (図 2.1)．その他の性質などはすでにわかっているものとして話を進める．

　高等学校では，通常**矢線ベクトル**を先に導入して，その後その成分表示である数ベクトルを与えるが，ここでは第1章ですでに，行列の特別な場合として数ベクトルが導入されているので，高等学校とは逆の導入を行う．線分に向きをつけたものが矢線で，平面に異なる2点 $A(x_1, y_1)$, $B(x_2, y_2)$ をとれば，1つの矢線 $\overrightarrow{AB}$ ができ，これに対応して数ベクトル $\boldsymbol{a} = (x_2 - x_1, y_2 - y_1)$ が1つだけ定まる．このベクトル $\boldsymbol{a}$ を矢線 $\overrightarrow{AB}$ に対応する (**平面**) **ベクトル**，略してベクトル $\overrightarrow{AB}$ といい，この事実を $\overrightarrow{AB} = \boldsymbol{a}$ と書く．逆に数ベクトル $\boldsymbol{a} = (x, y)$ を与えたとき，

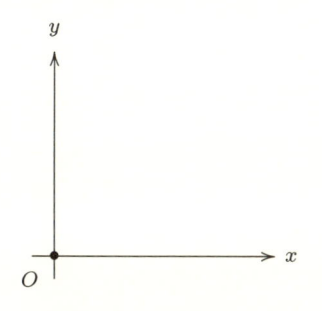

図 2.1 座標軸

さらに1点 $A(x_1, y_1)$ を選ぶと，点 $B(x_1+x, y_1+y)$ が1つ定まり，矢線 $\overrightarrow{AB}$ が1つ定まる．このようにして，矢線を数ベクトルと同一視することができる．ただし，平行移動で重なる2つの矢線は同じものとみなしている．このように矢線と同一視した数ベクトルを**幾何ベクトル**とも呼ぶ（図 2.2）．

数ベクトルには和とスカラー倍の2種類の演算が存在するが，矢線でみると以下のように解釈できる．2つの数ベクトル $\boldsymbol{a} = (x_1, y_1)$, $\boldsymbol{b} = (x_2, y_2)$ の和は

$$\boldsymbol{a} + \boldsymbol{b} = (x_1 + x_2, y_1 + y_2)$$

であった．いま $\boldsymbol{a}$ に対して点 $A(x_1, y_1)$ をとれば $\overrightarrow{OA} = \boldsymbol{a}$, 次に, $\boldsymbol{b}$ と A に対して点 $B = (x_1+x_2, y_1+y_2)$ が1つ定まり $\overrightarrow{AB} = \boldsymbol{b}$ である．このとき，点 B に対しては，数ベクトル $\overrightarrow{OB} = (x_1+x_2, y_1+y_2)$ が定まる．ところが，これは数ベクトルとして $\boldsymbol{a}+\boldsymbol{b}$ に等しい（図 2.3）．

スカラー倍について考える前に，平面の2点間の距離について復習しておく．平面に異なる2点 $A(x_1, y_1)$, $B(x_2, y_2)$ をとれば，それらの間の距離 $\overline{AB}$ は，ピタゴラスの定理により，以下のように定まる（図 2.4）：

$$\overline{AB} = \sqrt{(x_2-x_1)^2 + (y_2-y_1)^2}.$$

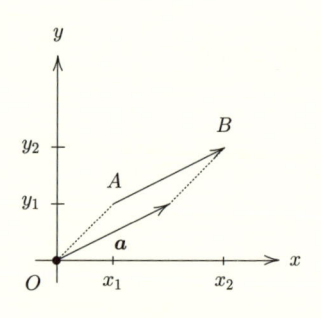

図 2.2 幾何ベクトル

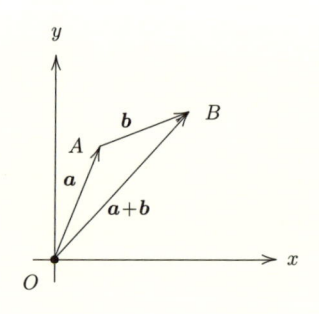

図 2.3 ベクトルの和

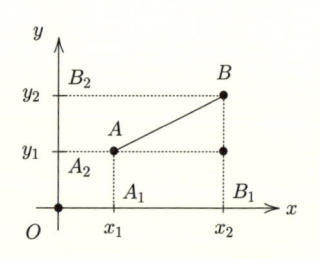

図 2.4 A, B 間の距離

さて数ベクトル $\boldsymbol{a} = (x_1, y_1)$ と実数 c について

$$c\boldsymbol{a} = (cx_1, cy_1)$$

なので，いま $\overrightarrow{OA} = \boldsymbol{a}, \overrightarrow{OB} = c\boldsymbol{a}$ とすると，B は直線 OA 上にあって $\overrightarrow{OB}$ は $\overrightarrow{OA}$ の c の絶対値倍である．さらに，$c > 0$ のとき，B は O に対して A と同じ側，$c < 0$ のとき，B は O に対して A と反対側にあり，$c = 0$ のとき，A は O と一致している．

一方，2 点間の距離の定義から，ベクトル $\boldsymbol{a} = (a_1, a_2)$ の大きさを

$$\|\boldsymbol{a}\| = \sqrt{a_1^2 + a_2^2}$$

と定める．さらに，$\boldsymbol{a}, \boldsymbol{b}$ のなす角を θ (ただし，$0 \leq \theta \leq 180°$) とすると，$\boldsymbol{a}, \boldsymbol{b}$ の**内積**が

$$\boldsymbol{a} \cdot \boldsymbol{b} = \|\boldsymbol{a}\|\|\boldsymbol{b}\|\cos\theta$$

と定義される．

【命題 2.1.1】 $\boldsymbol{a} = (a_1, a_2), \boldsymbol{b} = (b_1, b_2)$ に対して，その内積は

$$\boldsymbol{a} \cdot \boldsymbol{b} = a_1 b_1 + a_2 b_2$$

となる．

証明 $\overrightarrow{AB} = \boldsymbol{b} - \boldsymbol{a} = (b_1 - a_1, b_2 - a_2)$ であり，三角形 OAB に余弦定理を用いると，

$$\overline{AB}^2 = \overline{OA}^2 + \overline{OB}^2 - 2\,\overline{OA}\,\overline{OB}\cos\theta$$

となる．ここで，$\overline{AB} = \|\boldsymbol{b} - \boldsymbol{a}\|, \overline{OA} = \|\boldsymbol{a}\|, \overline{OB} = \|\boldsymbol{b}\|$ なので，代入すると

$$\|\boldsymbol{b} - \boldsymbol{a}\|^2 = \|\boldsymbol{a}\|^2 + \|\boldsymbol{b}\|^2 - 2\boldsymbol{a} \cdot \boldsymbol{b}$$

が得られる．一方，

$$\|\boldsymbol{b} - \boldsymbol{a}\|^2 = (b_1 - a_1)^2 + (b_2 - a_2)^2 = \|\boldsymbol{b}\|^2 + \|\boldsymbol{a}\|^2 - 2(a_1 b_1 + a_2 b_2)$$

が成り立つので，$a \cdot b = a_1 b_1 + a_2 b_2$ となる． □

内積は，以下の基本的性質をもつ．

(1) $a \cdot b = b \cdot a$.
(2) $a \cdot a \geq 0$ かつ $a \cdot a = 0 \Leftrightarrow a = 0$.
(3) $a \cdot (b + c) = a \cdot b + a \cdot c$.
(4) スカラー c に対して，$(ca) \cdot b = a \cdot (cb) = c(a \cdot b)$.

これらの性質は，上の定理の結果を用いて確かめれば簡単に証明できる．例えば，(3) の性質は $a = (a_1, a_2), b = (b_1, b_2), c = (c_1, c_2)$ とすると

$$\begin{aligned} a \cdot (b + c) &= a_1(b_1 + c_1) + a_2(b_2 + c_2) = a_1 b_1 + a_1 c_1 + a_2 b_2 + a_2 c_2 \\ &= a_1 b_1 + a_2 b_2 + a_1 c_1 + a_2 c_2 = a \cdot b + a \cdot c \end{aligned}$$

がわかる．他の性質も同様に座標で表示して計算すれば確かめることができる．

問 2.1.1 上記の性質 (1), (2), (4) を証明せよ．

このようにこれらの基本性質は簡単にわかるのであるが，内積にとってこれらの基本性質が本質的な意味をもつ．実は，内積のもつさまざまな性質はこれらの基本性質のみから導くことができる．したがって，これらの基本性質は内積そのものを言い表しているといってもよい．実際，抽象的な線形代数ではこれらの性質を内積の満たすべき公理として，内積を定義しその後にベクトルのなす角などを定義する．このように抽象化すると汎用性を獲得し，平面や空間以外の対象（関数や微分方程式）にも内積を定めることが可能となる．20 世紀初頭の，量子力学などの物理学の進展をもたらしたのはこのような数学の抽象化が背景にあったからである．

問 2.1.2 ベクトル a, b に対して，次の等式を証明せよ．
(1) $\|a + b\|^2 = \|a\| + 2a \cdot b + \|b\|^2$
(2) $(a + b) \cdot (a - b) = \|a\|^2 - \|b\|^2$
(3) $\|a + b\|^2 + \|a - b\|^2 = 2(\|a\|^2 + \|b\|^2)$

問 2.1.3　次のおのおのの場合に，ベクトル a, b のなす角を求めよ．
(1) $\|a\| = 3,\ \|b\| = 4,\ a \cdot b = 6$
(2) $\|a\| = \|b\| = a \cdot b = \sqrt{2}$

問 2.1.4　内積の基本性質 (1), (2), (3), (4) のみを仮定して（もともとの定義を使わずに）シュワルツの不等式
$$|a \cdot b| \leq \|a\|\|b\|$$
を示せ．また，等号成立の必要十分条件は a, b が平行であることも示せ．また，最初に与えた内積の定義からは，この不等式は自明である理由を述べよ．

2.2　直線と連立 1 次方程式

点 A, B を通る直線を g とする．このとき，P を直線 g 上の任意の点として $a = \overrightarrow{OA}, b = \overrightarrow{OB}, p = \overrightarrow{OP}$ とおくと，$\overrightarrow{AB} = b - a, \overrightarrow{AP} = p - a$ となり，$\overrightarrow{AB}$ と $\overrightarrow{AP}$ は平行なのである実数 t が存在して $p - a = t(b - a)$ が成り立つ．したがって，
$$p = a + t(b - a) \tag{2.1}$$
が得られる．このとき，実数 t を任意の実数とすると，p は直線 g 上のすべての点を示す．この式 (2.1) を**パラメータ型の直線のベクトル方程式**または略して**直線のパラメータ表示**という．

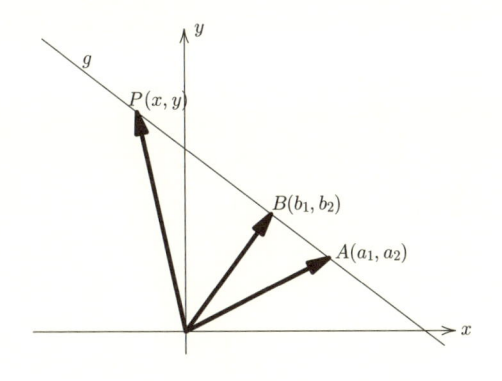

図 2.5　直線 g 上の点 A, B, P

ここで,それぞれの点の座標を $A(a_1, a_2)$, $B(b_1, b_2)$, $P(x, y)$ とすると $\boldsymbol{a} = (a_1, a_2)$, $\boldsymbol{b} = (b_1, b_2)$, $\boldsymbol{p} = (x, y)$, $\overrightarrow{AB} = (b_1 - a_1, b_2 - a_2)$ となり,直線 g のパラメータ表示 (2.1) は

$$\begin{cases} x = a_1 + t(b_1 - a_1) \\ y = a_2 + t(b_2 - a_2) \end{cases} \tag{2.2}$$

となる(図 2.5).この式も直線 g のパラメータ表示という.

この式から,実数 t を消去すると

$$(b_2 - a_2)x + (a_1 - b_1)y + (a_2 b_1 - a_1 b_2) = 0 \tag{2.3}$$

が得られるが,ここで,$a = b_1 - a_2, b = a_1 - b_1, c = a_2 b_1 - a_1 b_2$ とおくと座標平面上の直線の方程式

$$ax + by + c = 0 \tag{2.4}$$

となる.これが直線の方程式の一般型である.また,式 (2.2) から直接,2 点 $(a_1 a_2), (b_1, b_2)$ を通る直線の方程式

$$\frac{x - a_1}{b_1 - a_1} = \frac{y - a_2}{b_2 - a_2} \tag{2.5}$$

が得られる.

また,パラメータ表示 (2.1) において,ベクトル $\boldsymbol{v} = \boldsymbol{b} - \boldsymbol{a}$ とおくと,直線のパラメータ表示は

$$\boldsymbol{p} = \boldsymbol{a} + t\boldsymbol{v} \tag{2.6}$$

となる.ベクトル $\boldsymbol{v} = (v_1, v_2)$ と成分表示すると,

$$\begin{cases} x = a_1 + tv_1 \\ y = a_2 + tv_2 \end{cases} \tag{2.7}$$

が得られる.このパラメータ表示を**方向ベクトル $\boldsymbol{v}$ を**もち点 $A(a_1, a_2)$ を通る直線のパラメータ表示と呼ぶ.

■ **例 2.2.1** 直線 $2x+5y-6=0$ のパラメータ表示を求めるには，$2(x-3) = -5y$ と書き換えて，
$$\frac{x-3}{-5} = \frac{y}{2}$$
を得る．この両辺を t とおけば，パラメータ表示
$$\begin{cases} x = 3-5t \\ y = 2t \end{cases}$$
が得られる．しかし，
$$\begin{cases} x = 5t \\ y = \dfrac{6}{5} - 2t \end{cases}$$
も同じ直線のパラメータ表示を表し，パラメータ表示は一意的ではないことがわかる．

問 2.2.1 点 A を通り，$\boldsymbol{v}$ を方向ベクトルとする直線をパラメータ表示せよ．
(1) $A(2,-3)$, $\boldsymbol{v}=(1,2)$
(2) $A(4,0)$, $\boldsymbol{v}=(-3,2)$

いま，原点 O から直線 g 上への垂線 OH に対してその位置ベクトル $\overrightarrow{OH}$ と向きが同じで大きさが 1 のベクトルを $\boldsymbol{h}$ とする．また，OH の長さを p とすると，$\overrightarrow{OH} = p\boldsymbol{h}$ となる．さらに，P を直線 g 上の任意の点として，$\boldsymbol{p} = \overrightarrow{OP}$ とするならば OH は直線 g へ引いた垂線なので，$\cos\angle POH = \dfrac{p}{OP}$ である．したがって，
$$\boldsymbol{p}\cdot\boldsymbol{h} = \|\boldsymbol{p}\|\|\boldsymbol{h}\|\cos\angle POH = \|\boldsymbol{p}\|\cos\angle POH = \|\boldsymbol{p}\|\frac{p}{\|\boldsymbol{p}\|} = p$$
が得られる．この式
$$\boldsymbol{p}\cdot\boldsymbol{h} = p \tag{2.8}$$
を直線 g の **（内積型の）ベクトル方程式**と呼ぶ．ここで，$\boldsymbol{p}=(x,y)$, x 軸の正の方向と $\boldsymbol{h}$ のなす角を α とすると，$\boldsymbol{h}=(\cos\alpha, \sin\alpha)$ となり (2.3) は
$$x\cos\alpha + y\sin\alpha = p \quad (p \geq 0) \tag{2.9}$$

となる．この式を**ヘッセの標準形**と呼ぶ（ベクトル方程式 (2.3) もヘッセの標準形と呼ぶ）．このとき，以下が成立する．

【命題 2.2.1】 直線 $g : ax + by + c = 0$ について，ベクトル $\boldsymbol{k} = (a,b)$ は g に垂直である．さらに

$$\boldsymbol{e} = \frac{\boldsymbol{k}}{\|\boldsymbol{k}\|} = \left(\frac{a}{\sqrt{a^2 + b^2}}, \frac{b}{\sqrt{a^2 + b^2}}\right)$$

は g に垂直な単位ベクトルであり，原点 O から g に垂線 $\overrightarrow{OH}$ を引けば

$$\overrightarrow{OH} = -\frac{c}{\|\boldsymbol{k}\|}\boldsymbol{e}, \qquad \overline{OH} = \frac{|c|}{\sqrt{a^2 + b^2}}$$

である．

証明 直線 g 上に 2 点 $A(x_1, y_1), B(x_2, y_2)$ をとると，

$$ax_1 + by_1 + c = 0, \quad ax_2 + by_2 + c = 0$$

を満たす．したがって，辺々引くと $a(x_1 - x_2) + b(y_1 - y_2) = 0$ が得られるが，この式は $\boldsymbol{k} \cdot \overrightarrow{BA} = 0$ を意味している．したがって，$\boldsymbol{k}$ は g に垂直である．次に g 上の点 $P(x,y)$ をとり，$\boldsymbol{p} = \overrightarrow{OP} = (x,y)$ とおく．P は g 上の点なので $\boldsymbol{p} \cdot \boldsymbol{k} + c = ax + by + c = 0$ を満たす．両辺を $\|\boldsymbol{k}\|$ で割ると，

$$\boldsymbol{p} \cdot \boldsymbol{e} + \frac{c}{\|\boldsymbol{k}\|} = \boldsymbol{p} \cdot \left(\frac{1}{\boldsymbol{k}}\right) + \frac{c}{\|\boldsymbol{k}\|} = \frac{1}{\|\boldsymbol{k}\|}(\boldsymbol{p} \cdot \boldsymbol{k}) + \frac{c}{\|\boldsymbol{k}\|} = 0$$

を得る．したがって，$\boldsymbol{p} \cdot \boldsymbol{e} = -\dfrac{c}{\|\boldsymbol{k}\|}$ である．ここで，ヘッセの標準形から $\boldsymbol{p} \cdot \boldsymbol{h} = p, (p \geq 0)$ で，さらに $\boldsymbol{h}$ と $\boldsymbol{e}$ は平行な単位ベクトルなので比較すると，$c < 0$ のとき $\boldsymbol{e} = \boldsymbol{h}$ で，$c > 0$ のとき $\boldsymbol{e} = -\boldsymbol{h}$ であることがわかる．また，

$$\overline{OH} = p = \left|-\frac{c}{\|\boldsymbol{k}\|}\right| = \frac{|c|}{\sqrt{a^2 + b^2}}$$

となり，したがって，
$$\overrightarrow{OH} = p\boldsymbol{h} = \frac{|c|}{\|\boldsymbol{k}\|}\boldsymbol{h} = -\frac{c}{\|\boldsymbol{k}\|}\boldsymbol{e}$$
を得る． □

直線の方程式 $ax + by + c = 0$ について $\sqrt{a^2 + b^2}$ で両辺を割ると
$$\frac{ax + by}{\sqrt{a^2 + b^2}} = -\frac{c}{\sqrt{a^2 + b^2}} \tag{2.10}$$
が得られる．ここで $c \leq 0$ のときはこれがヘッセの標準形であり，$c > 0$ のときは
$$-\frac{ax + by}{\sqrt{a^2 + b^2}} = \frac{c}{\sqrt{a^2 + b^2}} \tag{2.11}$$
がヘッセの標準形である．

■**例 2.2.2**　直線の方程式 $3x - 4y - 15 = 0$ をヘッセの標準形になおすと $3^2 + 4^2 = 5^2$ なので
$$\frac{3}{5}x - \frac{4}{5}y = 3$$
がヘッセの標準形となり，原点からこの直線への距離は 3 である．一方，方程式 $3x - 4y + 5 = 0$ の場合は，ヘッセの標準形は
$$-\frac{3}{5}x + \frac{4}{5}y = 3$$
であり，この場合も同様に原点からこの直線への距離は 3 である．

問 2.2.2　次の方程式をヘッセの標準形になおして，原点からの距離を求めよ．
(1) $2x - 6y - 6\sqrt{10} = 0$
(2) $5x + 12y + 39 = 0$

【**命題 2.2.2**】　点 $P(x_0, y_0)$ と直線 $g : ax + by + c = 0$ の距離は
$$\frac{|ax_0 + by_0 + c|}{\sqrt{a^2 + b^2}} \tag{2.12}$$

である.

証明　点 P から g へ垂線 PQ を引き，Q の座標を (x_1, y_1) とする.

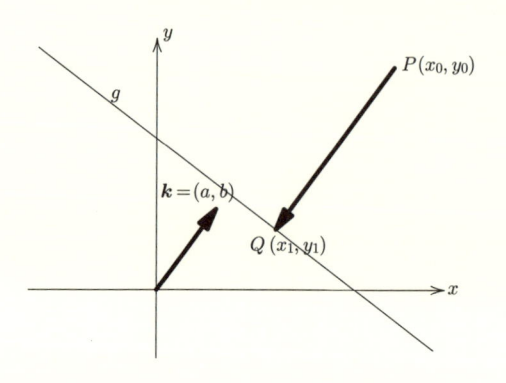

図 2.6　直線 g に垂直なベクトル $\overrightarrow{PQ}$ と g の法線ベクトル $\boldsymbol{k}$

線分 PQ の長さ $\overline{PQ}$ が求める距離である．ベクトル $\boldsymbol{k} = (a, b)$ は g に垂直なので，$\overrightarrow{PQ} = \lambda \boldsymbol{k}$ となる実数 λ が存在する．$\overrightarrow{PQ} = (x_1 - x_0, y_1 - y_0)$ なので，$x_1 = x_0 - \lambda a, y_1 = y_0 - \lambda b$ が成り立つ．ここで，点 Q は直線 g 上の点なので，$ax_1 + by_1 + c = 0$ を満たす．したがって，

$$\lambda = \frac{ax_0 + by_0 + c}{a^2 + b^2}$$

となる．したがって距離を計算すると

$$\overline{PO} = \|\overrightarrow{PQ}\| = \sqrt{\lambda^2 a^2 + \lambda^2 b^2} = |\lambda|\sqrt{a^2 + b^2} = \frac{|ax_0 + by_0 + c|}{\sqrt{a^2 + b^2}}$$

が得られる．　□

問 2.2.3　(1) 点 $(2, -3)$ と直線 $3x - 4y - 8 = 0$ の距離を求めよ．
(2) 点 $(-4, -5)$ と直線 $2x + 3y - 3 = 0$ の距離を求めよ．

2.3　1次変換

行列 $A = \begin{pmatrix} a_{11} & a_{12} \\ a_{21} & a_{22} \end{pmatrix}$ が与えられたとき，点 $P(x, y)$ に対して，点 $P'(x', y')$ を

$$\begin{pmatrix} x' \\ y' \end{pmatrix} = \begin{pmatrix} a_{11} & a_{12} \\ a_{21} & a_{22} \end{pmatrix} \begin{pmatrix} x \\ y \end{pmatrix} = \begin{pmatrix} a_{11}x + a_{12}y \\ a_{21}x + a_{22}y \end{pmatrix}$$

という式で対応させるとき，この対応（**写像**という）を **1次変換（線形変換）** と呼ぶ．言い換えれば，

$$\begin{cases} x' = a_{11}x + a_{12}y \\ y' = a_{21}x + a_{22}y \end{cases}$$

で決まる対応 $P(x, y) \to P'(x', y')$ のことである．ここでは，この1次変換を

$$f : \begin{pmatrix} x' \\ y' \end{pmatrix} = \begin{pmatrix} a_{11} & a_{12} \\ a_{21} & a_{22} \end{pmatrix} \begin{pmatrix} x \\ y \end{pmatrix}$$

と表す．

点 $P(x, y)$ を原点 O のまわりに角度 θ ($0 \leq \theta < 360°$) だけ回転させた点 $P'(x', y')$ に対応させる写像を**角 θ の回転**と呼ぶ．

【**命題 2.3.1**】 回転は1次変換であり，角 θ の回転は

$$f : \begin{pmatrix} x' \\ y' \end{pmatrix} = \begin{pmatrix} \cos\theta & -\sin\theta \\ \sin\theta & \cos\theta \end{pmatrix} \begin{pmatrix} x \\ y \end{pmatrix}$$

である．

証明　点 $P(x, y)$ と $P'(x', y')$ において，x 軸の正の方向から点 P まで，時計と反対まわりに測った角度を α として，P' まで x 軸から測った角度を $\alpha + \theta$

とする．回転は長さを変えないので，$\overline{OP} = \overline{OP'}$ が成り立つ．ここで，三角関数の加法定理から

$$\begin{aligned}
x' &= \overline{OP'}\cos(\alpha+\theta) = \overline{OP}(\cos\alpha\cos\theta - \sin\alpha\sin\theta) \\
&= (\overline{OP}\cos\alpha)\cos\theta - (\overline{OP}\sin\alpha)\sin\theta = x\cos\theta - y\sin\theta \\
y' &= \overline{OP'}\sin(\alpha+\theta) = \overline{OP}(\sin\alpha\cos\theta + \cos\alpha\sin\theta) \\
&= (\overline{OP}\sin\alpha)\cos\theta + (\overline{OP}\cos\alpha)\sin\theta = y\cos\theta + x\sin\theta
\end{aligned}$$

となるので，

$$\begin{pmatrix} x' \\ y' \end{pmatrix} = \begin{pmatrix} \cos\theta & -\sin\theta \\ \sin\theta & \cos\theta \end{pmatrix} \begin{pmatrix} x \\ y \end{pmatrix}$$

が成立する． □

■**例 2.3.1** 回転以外の 1 次変換の重要な例としては，以下の x 軸に関する対称移動がある．

$$f : \begin{pmatrix} x' \\ y' \end{pmatrix} = \begin{pmatrix} 1 & 0 \\ 0 & -1 \end{pmatrix} \begin{pmatrix} x \\ y \end{pmatrix}$$

とすると，$x' = x$, $y' = -y$ なので，この 1 次変換は x 軸に関する対称移動である．

問 2.3.1 (1) y 軸に関する対称移動を 1 次変換で表せ．
(2) 直線 $y = ax$ に関する対称移動も 1 次変換であることを示せ．

次に 2 つの 1 次変換

$$f : \begin{pmatrix} x' \\ y' \end{pmatrix} = \begin{pmatrix} a_{11} & a_{12} \\ a_{21} & a_{22} \end{pmatrix} \begin{pmatrix} x \\ y \end{pmatrix}, \quad g : \begin{pmatrix} x' \\ y' \end{pmatrix} = \begin{pmatrix} b_{11} & b_{12} \\ b_{21} & b_{22} \end{pmatrix} \begin{pmatrix} x \\ y \end{pmatrix}$$

について，1次変換

$$h : \begin{pmatrix} x'' \\ y'' \end{pmatrix} = BA \begin{pmatrix} x \\ y \end{pmatrix} = \begin{pmatrix} b_{11}a_{11} + b_{12}a_{21} & b_{11}a_{12} + b_{12}a_{22} \\ b_{21}a_{11} + b_{22}a_{21} & b_{21}a_{12} + b_{22}a_{22} \end{pmatrix} \begin{pmatrix} x \\ y \end{pmatrix}$$

を考えると，この1次変換は1次変換 f と1次変換 g をこの順番に続けて行ったものであると理解することができる．この1次変換 h を $h = g \circ f$ と書き，1次変換 f と g の**合成変換**と呼ぶ．すなわち

$$g \circ f : \begin{pmatrix} x'' \\ y'' \end{pmatrix} = BA \begin{pmatrix} x \\ y \end{pmatrix}$$

である．ここで，合成する順番を逆にすると

$$f \circ g : \begin{pmatrix} x'' \\ y'' \end{pmatrix} = AB \begin{pmatrix} x \\ y \end{pmatrix}$$

となる．

■**例 2.3.2** 2つの1次変換

$$f : \begin{pmatrix} x' \\ y' \end{pmatrix} = \begin{pmatrix} 2 & -1 \\ -3 & 1 \end{pmatrix} \begin{pmatrix} x \\ y \end{pmatrix}, \quad g : \begin{pmatrix} x' \\ y' \end{pmatrix} = \begin{pmatrix} 1 & 0 \\ 2 & 3 \end{pmatrix} \begin{pmatrix} x \\ y \end{pmatrix}$$

に対して，

$$g \circ f : \begin{pmatrix} x'' \\ y'' \end{pmatrix} = \begin{pmatrix} 2 & -1 \\ -5 & 1 \end{pmatrix} \begin{pmatrix} x \\ y \end{pmatrix}$$

となり，

$$f \circ g : \begin{pmatrix} x'' \\ y'' \end{pmatrix} = \begin{pmatrix} 0 & -3 \\ -1 & 3 \end{pmatrix} \begin{pmatrix} x \\ y \end{pmatrix}$$

となるので，一般に $g \circ f \neq f \circ g$ である．

1 次変換

$$f : \begin{pmatrix} x' \\ y' \end{pmatrix} = A \begin{pmatrix} x \\ y \end{pmatrix}$$

の対応する行列 A が正則行列（すなわち，$AA^{-1} = A^{-1}A = I$ が成り立つ）のとき，この 1 次変換 f を**正則変換**と呼ぶ．このとき，

$$f^{-1} : \begin{pmatrix} x' \\ y' \end{pmatrix} = A^{-1} \begin{pmatrix} x \\ y \end{pmatrix}$$

を正則変換 f の**逆変換**という．このとき，$f \circ f^{-1}$, $f^{-1} \circ f$ の行列は単位行列 $I = AA^{-1} = A^{-1}A$ である．したがって

$$f \circ f^{-1} : \begin{pmatrix} x \\ y \end{pmatrix} = I \begin{pmatrix} x \\ y \end{pmatrix}$$

である．$f^{-1} \circ f$ も同様な性質をもつ．

ここで，1 次変換

$$f : \begin{pmatrix} x' \\ y' \end{pmatrix} = A \begin{pmatrix} x \\ y \end{pmatrix}$$

について，ベクトル $\boldsymbol{a} = (a_1, a_2)$ を

$$\begin{pmatrix} a'_1 \\ a'_2 \end{pmatrix} = A \begin{pmatrix} a_1 \\ a_2 \end{pmatrix}$$

なるベクトル $\boldsymbol{a}' = (a'_1, a'_2)$ への対応（写像）と考えることができる．このとき，$\boldsymbol{a}' = f(\boldsymbol{a})$ と書く．ベクトル $\boldsymbol{a} = (a_1, a_2)$ を列ベクトル $\boldsymbol{a} = \begin{pmatrix} a_1 \\ a_2 \end{pmatrix}$ と表示するとき，

$$f(\boldsymbol{a}) = A \begin{pmatrix} a_1 \\ a_2 \end{pmatrix} = A\boldsymbol{a}$$

そのものと思ってもよい．言い換えると，ベクトル a に行列 A との積 Aa を対応させる対応 (写像) f のことだと理解できる．ここで，$a' = f(a)$ を a の f による**像**と呼ぶ．今後，1次変換とは，ベクトル a に対してベクトル $f(a) = Aa$ を対応させる写像であるとする．1次変換は**線形変換**とも呼ばれる．

2.4　1次変換の性質

1次変換 $f(a) = Aa$ は以下の基本的性質をもつ．

性質 (1)　ベクトル a, b と実数 λ, μ に対して

$$f(\lambda a + \mu b) = \lambda f(a) + \mu f(b)$$

が成り立つ．

証明　$f(\lambda a + \mu b) = A(\lambda a + \mu b) = A(\lambda a) + A(\mu b) = \lambda Aa + \mu Ab = \lambda f(a) + \mu f(b)$. □

性質 (2)　$f(0) = 0$

証明　$f(0) = A0 = 0$. □

性質 (3)　f が正則変換のとき，以下の性質が成り立つ：

$$f(a) = 0 \implies a = 0.$$

証明　$f(a) = Aa = 0$ とするとき，両辺に A^{-1} を左から掛けると

$$a = Ia = A^{-1}(Aa) = A^{-1}0 = 0.$$

□

性質 (4) $e_1 = \begin{pmatrix} 1 \\ 0 \end{pmatrix}, e_2 = \begin{pmatrix} 0 \\ 1 \end{pmatrix}$ に対して, $f(e_1) = \begin{pmatrix} a \\ c \end{pmatrix}, f(e_2) = \begin{pmatrix} b \\ d \end{pmatrix}$
のとき, f に対応する行列は

$$A = \begin{pmatrix} a & b \\ c & d \end{pmatrix}$$

である. ここで, e_1, e_2 を平面の**基本ベクトル**と呼ぶ.

証明 $a = \begin{pmatrix} a_1 \\ a_2 \end{pmatrix} = a_1 e_1 + a_2 e_2$ なので,

$$\begin{aligned} f(a) &= f(a_1 e_1 + a_2 e_2) = a_1 f(e_1) + a_2 f(e_2) \\ &= a_1 \begin{pmatrix} a \\ c \end{pmatrix} + a_2 \begin{pmatrix} b \\ d \end{pmatrix} = \begin{pmatrix} a a_1 + b a_2 \\ c a_1 + d a_2 \end{pmatrix} = A \begin{pmatrix} a_1 \\ a_2 \end{pmatrix} = A a \end{aligned}$$

となる. □

【定理 2.4.1】 正則な 1 次変換は直線を直線に変換する.

証明 $g : p = p_0 + tv$ を方向ベクトル ($v \neq 0$) をもつ直線のベクトル表示とする. $f(a) = Aa$ を 1 次変換とするとき,

$$f(p) = f(p_0 + tv) = f(p_0) + t f(v)$$

が成り立つ. ここで, $f(v) = Av = 0$ とすると, 1 次変換の性質 (3) より $v = 0$ となり矛盾する. したがって, $f(v) \neq 0$ である. このことは, 直線 g 上の点 p の f による像は直線 $f(p_0) + t f(v)$ 上にあることを示している.

一方, 直線 $f(p_0) + t f(v)$ 上の点 q は

$$q = f(p_0) + t f(v) = f(p_0 + tv) = A(p_0 + tv)$$

なので，
$$A^{-1}\bm{q} = A^{-1}A(\bm{p}_0 + t\bm{v}) = I(\bm{p}_0 + t\bm{v}) = \bm{p}_0 + t\bm{v}$$
となる．よって，$A^{-1}\bm{q}$ は直線 g 上にあり，さらに $\bm{q} = A(A^{-1}\bm{q}) = f(A^{-1}\bm{q})$ なので $\bm{q}$ は直線 g の f による像の上にある．ゆえに，直線 g の f による像はベクトル方程式
$$\bm{q} = f(\bm{p}_0) + tf(\bm{v})$$
で表される直線である． □

問 2.4.1 行列 $A = \begin{pmatrix} 1 & 3 \\ 2 & 3 \end{pmatrix}$ で定まる平面の 1 次変換 f で直線 $x + 2y = 1$ はどのような直線に変換されるか？

【定理 2.4.2】 正則な 1 次変換は平行な 2 直線を平行な 2 直線に変換する．

証明 2本の直線
$$g_1 : \bm{p} = \bm{p}_0 + t\bm{v}$$
$$g_2 : \bm{q} = \bm{q}_0 + t\bm{w}$$
が平行とは，$\bm{v}, \bm{w}$ が平行ということなので，実数 $\lambda \neq 0$ が存在して，$\bm{v} = \lambda \bm{w}$ である．

一方，g_1 の f による像は $\bm{p}' = f'(\bm{p}_0) + tf(\bm{v})$，$g_2$ の f による像は $\bm{q}' = f(\bm{p}_0) + tf(\bm{w})$ というベクトル方程式で表される直線である．ここで，
$$f(\bm{v}) = f(\lambda \bm{w}) = \lambda f(\bm{w})$$
なので，$f(\bm{v})$ と $f(\bm{w})$ は平行である．したがってこれらの 2 つの直線は平行である． □

問 2.4.2 1 次変換 $f : \begin{pmatrix} x' \\ y' \end{pmatrix} = \begin{pmatrix} -2 & 8 \\ 1 & -4 \end{pmatrix} \begin{pmatrix} x \\ y \end{pmatrix}$ のとき，以下の問に答えよ：
(1) 直線 $x - 3y = 1$ の f による像を求めよ．
(2) 直線 $x + y = 1, 2x + y = 2$ はそれぞれどんな直線に写されるか？

【系 2.4.3】 正則な 1 次変換 f は $\boldsymbol{a}, \boldsymbol{b}$ の張る平行四辺形を $f(\boldsymbol{a}), f(\boldsymbol{b})$ の張る平行四辺形に変換する.

2.5 1 次変換と面積

3 点 $O(0,0), A(a_1, a_2), B(b_1, b_2)$ で定まる三角形の面積を求める. 点 A, B を通る直線の方程式は

$$y - b_2 = \frac{a_2 - b_2}{a_1 - b_1}(x - b_1)$$

で与えられるので, その x 軸との交点を C とすると座標は $\left(\dfrac{a_2 b_1 - a_1 b_2}{a_2 - b_2}, 0\right)$ である. ここで,

$$\triangle AOB \text{ の面積} = |\triangle BOC \text{ の面積} - \triangle AOC \text{ の面積}|$$

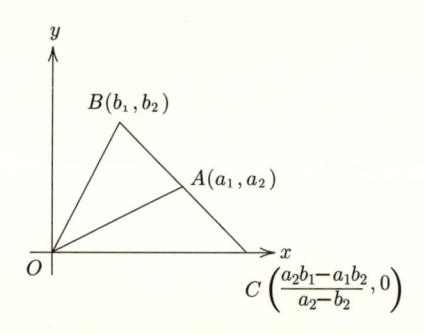

図 2.7 $\triangle AOB, \triangle BOC, \triangle AOC$

なので，

$$\Delta AOB \text{ の面積} = \frac{1}{2}\left|\left\{\frac{a_2b_1 - a_1b_2}{a_2 - b_2}b_2 - \frac{a_2 - b_1 - a_1b_2}{a_2 - b_2}a_2\right\}\right|$$

$$= \frac{1}{2}\left|\frac{a_2b_1b_2 - a_1b_2^2 - a_2^2b_1 + a_1b_2a_2}{a_2 - b_2}\right|$$

$$= \frac{1}{2}\left|\frac{a_1b_2(a_2 - b_2) - a_2b_1(a_2 - b_2)}{a_2 - b_2}\right|$$

$$= \frac{1}{2}|a_1b_2 - a_2b_1| = \frac{1}{2}\left|\det\begin{pmatrix} a_1 & a_2 \\ b_1 & b_2 \end{pmatrix}\right|$$

である．したがって，1次変換 $f(\boldsymbol{a}) = A\boldsymbol{a}$ の行列を $\begin{pmatrix} a_{11} & a_{12} \\ a_{21} & a_{22} \end{pmatrix}$ として，基本ベクトルを $\boldsymbol{e}_1, \boldsymbol{e}_2$ とすると

$$f(\boldsymbol{e}_1) = \begin{pmatrix} a_{11} \\ a_{21} \end{pmatrix}, \quad f(\boldsymbol{e}_2) = \begin{pmatrix} a_{12} \\ a_{22} \end{pmatrix}$$

であり，$f(\boldsymbol{e}_1), f(\boldsymbol{e}_2)$ が張る平行四辺形の面積 S は

$$S = \left|\det\begin{pmatrix} a_{11} & a_{12} \\ a_{21} & a_{22} \end{pmatrix}\right|$$

である．ここで，$f(\boldsymbol{a})$ を1次正則変換とすると，定理 2.4.2 より，2本の平行な直線は，2本の平行な直線へ写す．したがって，平行でない直線を平行でない直線へ写す．したがって，基本ベクトル $\boldsymbol{e}_1, \boldsymbol{e}_2$ の張る平行四辺形（正方形）は $f(\boldsymbol{e}_1), f(\boldsymbol{e}_2)$ の張る平行四辺形に写される．

【命題 2.5.1】 正則1次変換 $f(\boldsymbol{a}) = A\boldsymbol{a}$ は，面積1の $\boldsymbol{e}_1, \boldsymbol{e}_2$ が張る正方形を面積 $S = |\det A|$ の $f(\boldsymbol{e}_1), f(\boldsymbol{e}_2)$ が張るの平行四辺形に写す．

ここで, 2つのベクトル $\boldsymbol{x} = \begin{pmatrix} x_1 \\ x_2 \end{pmatrix}$, $\boldsymbol{y} = \begin{pmatrix} y_1, y_2 \end{pmatrix}$ に対して,

$$f(\boldsymbol{x}) = \begin{pmatrix} a_{11}x_1 + a_{12}x_2 \\ a_{21}x_1 + a_{22}x_2 \end{pmatrix}, \quad f(\boldsymbol{y}) = \begin{pmatrix} a_{11}y_1 + a_{12}x_2 \\ a_{21}x_1 + a_{22}y_2 \end{pmatrix}$$

なので,

$$f(\boldsymbol{x}), f(\boldsymbol{y}) \text{ の張る平行四辺形の面積}$$
$$= \left| \det \begin{pmatrix} a_{11}x_1 + a_{12}x_2 & a_{11}y_1 + a_{12}y_2 \\ a_{21}x_1 + a_{22}x_2 & a_{21}y_1 + a_{22}y_2 \end{pmatrix} \right|$$
$$= |(a_{11}a_{22} - a_{12}a_{21})x_1y_2 - (a_{11}a_{22} - a_{12}a_{21})x_2y_1|$$
$$= |(a_{11}a_{22} - a_{12}a_{21})(x_1y_2 - x_2y_1)|$$
$$= \left| \det \begin{pmatrix} a_{11} & a_{12} \\ a_{21} & a_{22} \end{pmatrix} \right| \left| \det \begin{pmatrix} x_1 & y_1 \\ x_2 & y_2 \end{pmatrix} \right|$$
$$= |\det A| \{\boldsymbol{x}, \boldsymbol{y} \text{ の張る平行四辺形の面積}\}.$$

したがって以下が示された.

【系 2.5.2】 $\boldsymbol{x}, \boldsymbol{y}$ の張る平行四辺形の面積と $f(\boldsymbol{x}) = A\boldsymbol{x}, f(\boldsymbol{y}) = A\boldsymbol{y}$ の張る平行四辺形の面積の比は $|\det A|$ である.

問 2.5.1 $\boldsymbol{x}, \boldsymbol{y}$ の張る平行四辺形の面積が $\sqrt{3}$ のとき, 行列 $A = \begin{pmatrix} 49 & \sqrt{3} \\ 23 & \sqrt{3} \end{pmatrix}$ に対して, $A\boldsymbol{x}, A\boldsymbol{y}$ の張る平行四辺形の面積を求めよ.

2.6 平行四辺形の面積と掃き出し法

平面ベクトル $\boldsymbol{a} = (a_1, a_2), \boldsymbol{b} = (b_1, b_2)$ が同一直線上にないとき, $\boldsymbol{a} = \overrightarrow{OA}, \boldsymbol{b} = \overrightarrow{OB}$ となる点 A, B が存在するが, 線分 OA, OB を2辺とする平行四

辺形を $\boldsymbol{a},\boldsymbol{b}$ の張る平行四辺形と呼ぶ．いま，その面積を $S\begin{pmatrix}\boldsymbol{a}\\\boldsymbol{b}\end{pmatrix}$ で表す．このとき，2 次正方行列 $A = \begin{pmatrix}\boldsymbol{a}\\\boldsymbol{b}\end{pmatrix} = \begin{pmatrix}a_1 & a_2\\b_1 & b_2\end{pmatrix}$ に行基本変形を行うと $S\begin{pmatrix}\boldsymbol{a}\\\boldsymbol{b}\end{pmatrix}$ は以下のように変化する．

【定理 2.6.1】 (1) $\boldsymbol{a}$ か $\boldsymbol{b}$ を k 倍 $(k \neq 0)$ するとそれらのベクトルの張る平行四辺形の面積は $S\begin{pmatrix}\boldsymbol{a}\\\boldsymbol{b}\end{pmatrix}$ の k の絶対値倍となる．

(2) どちらかのベクトルの k 倍を他方のベクトルに加えても，それらのベクトルの張る平行四辺形の面積は $S\begin{pmatrix}\boldsymbol{a}\\\boldsymbol{b}\end{pmatrix}$ に一致する．言い換えると

$$S\begin{pmatrix}\boldsymbol{a}\\k\boldsymbol{a}+\boldsymbol{b}\end{pmatrix} = S\begin{pmatrix}\boldsymbol{a}\\\boldsymbol{b}\end{pmatrix}$$

が成り立つ．

(3) $S\begin{pmatrix}\boldsymbol{a}\\\boldsymbol{b}\end{pmatrix} = S\begin{pmatrix}\boldsymbol{b}\\\boldsymbol{a}\end{pmatrix}$.

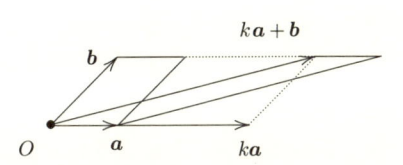

証明 (1), (3) は明らかに成立する．
(2) は図 2.8 からわかる． □

図 2.8 定理 2.6 (2)

以上の事実を用いると，$S\begin{pmatrix}\boldsymbol{a}\\\boldsymbol{b}\end{pmatrix}$ を具体的に $\boldsymbol{a},\boldsymbol{b}$ の成分を用いて表すことができる．いま，$\boldsymbol{a} = (a_1, a_2)$ において，$a_1 \neq 0$ と仮定する．このとき，$\begin{pmatrix}a_1 & a_2\\b_1 & b_2\end{pmatrix}$

の第 1 列を a_1 を使って掃き出すと，$\begin{pmatrix} a_1 & a_2 \\ 0 & b_2 - \dfrac{a_2}{a_1}b_1 \end{pmatrix}$ となり，$b_2 - \dfrac{a_2}{a_1}b_1 = 0$ のときは $\boldsymbol{a}$ と $\boldsymbol{b}$ は同一直線上にあることがわかるので，$b_2 - \dfrac{a_2}{a_1}b_1 \neq 0$ としてよい．このとき，これを使って，第 2 列を掃き出すと $\begin{pmatrix} a_1 & 0 \\ 0 & b_2 - \dfrac{a_2}{a_1}b_1 \end{pmatrix}$ となる．この行列は $\begin{pmatrix} a_1 \\ 0 \end{pmatrix}$ と $\begin{pmatrix} 0 \\ b_2 - \dfrac{a_2}{a_1}b_1 \end{pmatrix}$ という 2 つベクトルに分割される．これらのベクトルの張る平行四辺形は長方形なのでその面積は，$a_1\left(b_2 - \dfrac{a_2}{a_1}b_1\right)$ の絶対値に等しい．他の場合も同様に計算できて以下の定理が成立する．

【定理 2.6.2】 平面ベクトル $\boldsymbol{a},\boldsymbol{b}$ の張る平行四辺形の面積 $S\begin{pmatrix} \boldsymbol{a} \\ \boldsymbol{b} \end{pmatrix}$ は $a_1 b_2 - a_2 b_1$ の絶対値に等しい．

この定理の証明は，命題 2.5.1 で与えられているが，以下のように考えると幾何学的な意味を理解できる．

平面ベクトル $\boldsymbol{a},\boldsymbol{b}$ が図 2.9 のようにあるとする．このとき，$\boldsymbol{a},\boldsymbol{b}$ の張る平行四辺形の面積を変えないで図 2.10 のように長方形化する．図から明らかに，平行四辺形 $OACB$ と長方形 $OGFD$ の面積は等しい．このとき，D の座標は直線 BC の方程式

$$y = \frac{a_2}{a_1}x + b_2 - \frac{a_2}{a_1}b_1$$

の y 切片 $b_2 - \dfrac{a_2}{a_1}b_1$ である．また G の座標は A の x 座標 a_1 であり，したがって面積は $a_1\left(b_2 - \dfrac{a_2}{a_1}b_1\right) = a_1 b_2 - a_2 b_1$ の絶対値となる．

このように，2 次の正方行列の掃き出し法は行基本変形の (1) を使わない場合，幾何学的にはその行ベクトルの張る平行四辺形を面積を変えずに長方形

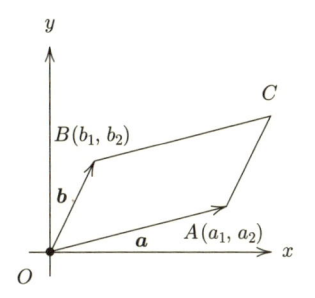

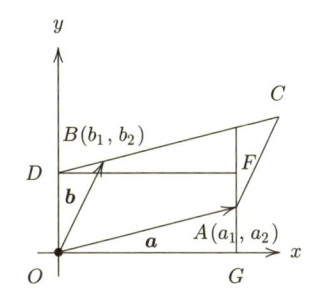

図 2.9 平行四辺形 $OACB$ 図 2.10 長方形 $OGFD$

化するということであると理解できる．

2.7 直交変換

1次変換 $f(\boldsymbol{a}) = A\boldsymbol{a}$ が**直交変換**であるとは，変換 f が内積を保存することと定める．言い換えると $f(\boldsymbol{a}) \cdot f(\boldsymbol{b}) = \boldsymbol{a} \cdot \boldsymbol{b}$ が任意のベクトル $\boldsymbol{a}, \boldsymbol{b}$ に対して成り立つことである．

【命題 2.7.1】 1次変換 f が直交変換であるための必要十分条件は，変換 f が任意のベクトルの大きさを変えないことである．すなわち，任意のベクトル $\boldsymbol{a}$ に対して
$$\|f(\boldsymbol{a})\| = \|\boldsymbol{a}\|$$
が成り立つことである．

証明 f を直交変換と仮定すると，任意のベクトル $\boldsymbol{a}$ に対して，$f(\boldsymbol{a}) \cdot f(\boldsymbol{a}) = \boldsymbol{a} \cdot \boldsymbol{a}$ が成り立つ．このことは，$\|f(\boldsymbol{a})\|^2 = \|\boldsymbol{a}\|^2$ と同値であり，f はベクトルの大きさを変えない．

逆に，f がベクトルの大きさを変えないとする．いま，任意のベクトル $\boldsymbol{a}, \boldsymbol{b}$ に対して，そのなす角を θ とおくと，その内積は $\boldsymbol{a} \cdot \boldsymbol{b} = \|\boldsymbol{a}\|\|\boldsymbol{b}\|\cos\theta$ であ

る．このとき，余弦定理から

$$\|\bm{b}-\bm{a}\|^2 = \|\bm{a}\|^2 + \|\bm{b}\|^2 - 2\|\bm{a}\|\|\bm{b}\|\cos\theta$$

が成り立つ．f は大きさを変えないので，

$$\|\bm{b}-\bm{a}\| = \|f(\bm{b}-\bm{a})\| = \|f(\bm{b})-f(\bm{a})\|,\ \|\bm{a}\| = \|f(\bm{a})\|,\ \|\bm{b}\| = \|f(\bm{b})\|$$

となる．ここで，$f(\bm{a}), f(\bm{b})$ のなす角を α とすると，余弦定理から

$$\|f(\bm{b})-f(\bm{a})\|^2 = \|f(\bm{a})\|^2 + \|f(\bm{b})\|^2 - 2\|f(\bm{a})\|\|f(\bm{b})\|\cos\alpha$$

となる．これらの式を比較すると，$\cos\theta = \cos\alpha$ が成り立つ．したがって，

$$f(\bm{a})\cdot f(\bm{b}) = \|f(\bm{a})\|\|f(\bm{b})\|\cos\alpha = \|\bm{a}\|\|\bm{b}\|\cos\theta = \bm{a}\cdot\bm{b}$$

が成り立ち，f は直交変換であることがわかる． □

この定理の証明から以下の系が成り立つことがわかる．

【系 2.7.2】 直交変換は任意の 2 つのベクトルのなす角を変えない．

直交変換 $f(\bm{a}) = A\bm{a}$ の行列 A の性質について考える．行列を

$$A = \begin{pmatrix} a_{11} & a_{12} \\ a_{21} & a_{22} \end{pmatrix}$$

とするとき，基本ベクトル $\bm{e}_1 = \begin{pmatrix}1\\0\end{pmatrix}$, $\bm{e}_2 = \begin{pmatrix}0\\1\end{pmatrix}$ に対して，$f(\bm{e}_1) = \begin{pmatrix}a_{11}\\a_{21}\end{pmatrix}$, $f(\bm{e}_2) = \begin{pmatrix}a_{21}\\a_{22}\end{pmatrix}$ である．ここで，$\|\bm{e}_i\| = 1$ より，

$$1 = \|f(\bm{e}_1)\|^2 = a_{11}^2 + a_{21}^2 = \|f(\bm{e}_2)\|^2 = a_{12}^2 + a_{22}^2$$

が成り立ち，$e_1 \cdot e_2 = 0$ から $a_{11}a_{12} + a_{21}a_{22} = 0$ が成り立つことがわかる．
したがって，

$$
{}^tAA = \begin{pmatrix} a_{11}^2 + a_{21}^2 & a_{11}a_{12} + a_{21}a_{22} \\ a_{12}a_{11} + a_{22}a_{21} & a_{12}^2 + a_{22}^2 \end{pmatrix} = I
$$

となる．いま，直交変換はベクトルの大きさとなす角を変えないので，ベクトルの張る平行四辺形の面積も変えない．したがって $\det A = \pm 1$ となり A は正則行列であることがわかる．よって，逆行列 A^{-1} が存在する．この逆行列 A^{-1} を関係式 ${}^tAA = I$ の両辺に右から掛けると，${}^tA = {}^tA(AA^{-1}) = ({}^tAA)A^{-1} = IA^{-1} = A^{-1}$ となる．したがって以下が成立する．

【命題 2.7.3】 1 次変換 $f(\boldsymbol{a}) = A\boldsymbol{a}$ に対して以下は同値である：
(1) f は直交変換．
(2) $a_{11}^2 + a_{21}^2 = a_{12}^2 + a_{22}^2 = 1, \quad a_{11}a_{12} + a_{21}a_{22} = 0$
(3) $a_{11}^2 + a_{12}^2 = a_{21}^2 + a_{22}^2 = 1, \quad a_{21}a_{11} + a_{22}a_{12} = 0$
(4) ${}^tA = A^{-1}$

${}^tA = A^{-1}$ を満たす行列を**直交行列**という．ここで，行列 $A = \begin{pmatrix} a_{11} & a_{12} \\ a_{21} & a_{22} \end{pmatrix}$ に対して，その列からなるベクトルを $\boldsymbol{a}_1 = \begin{pmatrix} a_{11} \\ a_{21} \end{pmatrix}, \boldsymbol{a}_2 = \begin{pmatrix} a_{12} \\ a_{22} \end{pmatrix}$ とすると，A が直交行列であるための必要十分条件はこの 2 つのベクトルが

$$\|\boldsymbol{a}_1\| = \|\boldsymbol{a}_2\| = 1, \quad \boldsymbol{a}_1 \cdot \boldsymbol{a}_2 = 0$$

を満たすことである．この条件を満たす 2 つのベクトルを平面の**正規直交系**と呼ぶ．言い換えると 2 つのベクトルが正規直交系をなすとはそれぞれのベクトルの大きさが 1 でお互いに直交していることである．一般に，平行でない 2 つのベクトル $\boldsymbol{a}, \boldsymbol{b}$ から平面の正規直交系を作ることができる．実際，$\boldsymbol{x}_1 = \boldsymbol{a}$

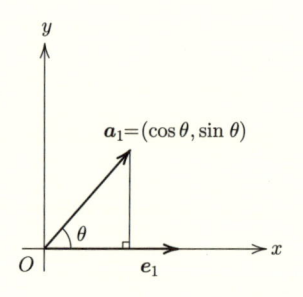

図 2.11

とおく，次に $x_2 = b - \lambda x_1$ の形のベクトルで $x_1 \cdot x_2 = 0$ となるものを探す．

$$0 = x_1 \cdot x_2 = a \cdot b - \lambda a \cdot x_1 = a \cdot b - \lambda a \cdot a$$

なので，$\lambda = \dfrac{a \cdot b}{a \cdot a}$ とおけばよい．すなわち，

$$x_1 = a, \qquad x_2 = b - \frac{a \cdot b}{a \cdot a} a$$

とおけば，$x_1 \cdot x_2 = 0$ を満たす．さらに，

$$a_1 = \frac{x_1}{\|x_1\|}, \qquad a_2 = \frac{x_2}{\|x_2\|}$$

とおけば，2つのベクトル a_1, a_2 は平面の正規直交系となる．このような正規直交系の作り方を**グラム・シュミットの直交化法**と呼ぶ．

【定理 2.7.4】 直交変換は回転か x 軸に関する対称移動と回転の合成かのいずれかである．

証明 直交変換を $f(a) = Aa$ とおき，$A = \begin{pmatrix} a_{11} & a_{12} \\ a_{21} & a_{22} \end{pmatrix}$ として，$a_1 = \begin{pmatrix} a_{11} \\ a_{21} \end{pmatrix}$，$a_2 = \begin{pmatrix} a_{12} \\ a_{22} \end{pmatrix}$ とする．a_1 と $e_1 = \begin{pmatrix} 1 \\ 0 \end{pmatrix}$ のなす角を θ とおくと

$a_{11} = \cos\theta$, $a_{21} = \sin\theta$ となる（図 2.11 参照）．このとき，$\boldsymbol{a}_1, \boldsymbol{a}_2$ は平面の正規直交系をなすので，$a_{12} = \cos(\theta+90°)$, $a_{22} = \sin(\theta+90°)$ か $a_{12} = \cos(\theta-90°)$, $a_{22} = \sin(\theta-90°)$ が成り立つ．最初の場合が $A = \begin{pmatrix} \cos\theta & -\sin\theta \\ \sin\theta & \cos\theta \end{pmatrix}$ となり，これは角 θ の回転であり．後の場合が

$$A = \begin{pmatrix} \cos\theta & \sin\theta \\ \sin\theta & -\cos\theta \end{pmatrix} = \begin{pmatrix} \cos\theta & -\sin\theta \\ \sin\theta & \cos\theta \end{pmatrix} \begin{pmatrix} 1 & 0 \\ 0 & -1 \end{pmatrix}$$

となり，これは回転と x 軸に関する対称移動 $\begin{pmatrix} 1 & 0 \\ 0 & -1 \end{pmatrix}$ の合成である． □

問 2.7.1 $\begin{pmatrix} a & b \\ c & \frac{1}{2} \end{pmatrix}$ が直交行列になるような a, b, c を求めよ．

問 2.7.2 A が直交行列ならば A^{-1} も直交行列となることを証明せよ．

問 2.7.3 A, B が直交行列ならばその積 AB も直交行列であることを証明せよ．

問 2.7.4 平面のベクトル $\boldsymbol{a} = \begin{pmatrix} 1 \\ 2 \end{pmatrix}$, $\boldsymbol{b} = \begin{pmatrix} -3 \\ 2 \end{pmatrix}$ から正規直交系を作れ．

2.8 固有値と固有ベクトル

線形変換 $f(\boldsymbol{a}) = A\boldsymbol{a}$ に対して，$f(\boldsymbol{x}) = \lambda\boldsymbol{x}$ $(\boldsymbol{x} \neq \boldsymbol{0})$ を満たす実数 λ とベクトル $\boldsymbol{x}$ があるとき，λ を f の（または，A の）**固有値**と呼び，$\boldsymbol{x}$ を λ に対応する**固有ベクトル**と呼ぶ．固有ベクトルが存在するとき，固有ベクトルに沿って，1 次変換は，同じ方向に伸び縮みするか，180 度だけ方向を変えて長さが変わるかのどちらかである．

最初に固有値と固有ベクトルを求めてみる．固有値 λ は $A\boldsymbol{x} = \lambda\boldsymbol{x}$ を満たす．言い換えると $(A - \lambda I)\boldsymbol{x} = \boldsymbol{0}$ を満たすような，$\boldsymbol{x}$ が存在することと理解

できる．したがって，$A = \begin{pmatrix} a_{11} & a_{12} \\ a_{21} & a_{22} \end{pmatrix}$ とすると，上の関係式は

$$\begin{pmatrix} a_{11} - \lambda & a_{12} \\ a_{21} & a_{22} - \lambda \end{pmatrix} \begin{pmatrix} x_1 \\ x_2 \end{pmatrix} = \begin{pmatrix} 0 \\ 0 \end{pmatrix}, \quad \text{ただし，} \boldsymbol{x} = \begin{pmatrix} x_1 \\ x_2 \end{pmatrix} \tag{2.13}$$

となる．ここで，$\boldsymbol{x} \neq \boldsymbol{0}$ なので，$\boldsymbol{x} = \begin{pmatrix} x_1 \\ x_2 \end{pmatrix}$ は同次連立 1 次方程式

$$\begin{cases} (a_{11} - \lambda)x_1 + a_{12}x_2 = 0 \\ a_{21}x_1 + (a_{22} - \lambda)x_2 = 0 \end{cases} \tag{2.14}$$

の自明でない解である．この連立 1 次方程式が自明でない解をもつための必要十分条件は

$$\det \begin{pmatrix} a_{11} - \lambda & a_{12} \\ a_{21} & a_{22} - \lambda \end{pmatrix} = 0 \tag{2.15}$$

であった（系 1.6.7）．この行列式を展開すると

$$\lambda^2 - (a_{11} + a_{22})\lambda + a_{11}a_{22} - a_{12}a_{21} = 0 \tag{2.16}$$

となる．ゆえに，固有値 λ は t を未知数とする 2 次方程式

$$t^2 - (a_{11} + a_{22})t + a_{11}a_{22} - a_{12}a_{21} = 0 \tag{2.17}$$

の解である．この 2 次方程式を A の**固有方程式**という．

! 注意 2.8.1 一般に 2 次方程式の解は判別式が $D < 0$ のとき，複素数の解をもった．したがって，固有値は一般には，複素数の範囲で考える必要がある．そのためには行列 A，ベクトル $\boldsymbol{a}$ なども**複素行列**，**複素ベクトル**を考える必要がある．一般の線形代数の教程では，このような理由から，複素数の範囲で教えられる．しかし，ここでは，より，理解が容易な実数の範囲内でのみ考えることとする．複素行列や複素ベクトルを含んだ一般的な線形代数については，参考文献 [1,2] がある．

2.8 固有値と固有ベクトル

ここで，固有値が実数であるので，2次方程式が実数解のみをもつ場合を考える．言い換えると判別式が

$$D = (a_{11} + a_{22})^2 - 4(a_{11}a_{22} - a_{12}a_{21}) \geq 0 \tag{2.18}$$

を満たすものと仮定する．このようにして，固有値を求めることができるが，対応する固有ベクトルはこのようにして求まった固有値 λ に対して，連立1次方程式

$$\begin{cases} (a_{11} - \lambda)x_1 + a_{12}x_2 = 0 \\ a_{21}x_1 + (a_{22} - \lambda)x_2 = 0 \end{cases} \tag{2.19}$$

を解いて得ることができる．

■例 2.8.1　行列 $A = \begin{pmatrix} 3 & 2 \\ 1 & 4 \end{pmatrix}$ の固有値と対応する固有ベクトルを求める．最初に A の固有方程式を解く．

$$0 = \det \begin{pmatrix} a_{11} - t & a_{12} \\ a_{21} & a_{22} - t \end{pmatrix} = t^2 - 7t + 10 = (t-2)(t-5) \tag{2.20}$$

なので，固有値 λ は 2, 5 である．

(1) $\lambda = 2$ に対応する固有ベクトルは，連立1次方程式

$$\begin{cases} (3-2)x_1 + 2x_2 = 0 \\ 1x_1 + (4-2)x_2 = 0 \end{cases} \tag{2.21}$$

を解く．この連立1次方程式は $x_1 + 2x_2 = 0$ と同値なので，$x_2 = c$ とおくと $x_1 = -2c$ となり，解は $\boldsymbol{x} = c \begin{pmatrix} -2 \\ 1 \end{pmatrix}$ となる．ベクトル $\boldsymbol{x}$ が固有ベクトルである．c は任意の実数なので，固有値 λ に対応する固有ベクトルは無限個あることがわかる．

(2) $\lambda = 5$ に対応する固有ベクトルは，連立 1 次方程式

$$\begin{cases} (3-5)x_1 + 2x_2 = 0 \\ 1x_1 + (4-5)x_2 = 0 \end{cases} \quad (2.22)$$

を解く．この連立 1 次方程式は $x_1 - x_2 = 0$ と同値なので，$x_2 = c$ とおくと $x_1 = c$ となり，解は $\boldsymbol{y} = c \begin{pmatrix} 1 \\ 1 \end{pmatrix}$ となる．ベクトル $\boldsymbol{y}$ が固有ベクトルである．ここでも，c は任意の実数である．

問 2.8.1 以下の行列の固有値と対応する固有ベクトルを求めよ．

(1) $\begin{pmatrix} 6 & 6 \\ -2 & -1 \end{pmatrix}$ (2) $\begin{pmatrix} 7 & 10 \\ -3 & -4 \end{pmatrix}$ (3) $\begin{pmatrix} 4 & 10 \\ -3 & -7 \end{pmatrix}$

ここで，簡単な固有値と固有ベクトルの応用を与える．

行列の対角化

2 次行列 A が**対角化可能**とはある正則行列 P が存在して

$$P^{-1}AP = \begin{pmatrix} \alpha & 0 \\ 0 & \beta \end{pmatrix} \quad (2.23)$$

と書くことができることである．ここで，この α, β と正則行列 P を求めてみる．いま，与式の両辺に左から P を掛けると，

$$AP = P \begin{pmatrix} \alpha & 0 \\ 0 & \beta \end{pmatrix}$$

なので，

$$P = \begin{pmatrix} p_{11} & p_{12} \\ p_{21} & p_{22} \end{pmatrix}, \quad \boldsymbol{p}_1 = \begin{pmatrix} p_{11} \\ p_{21} \end{pmatrix}, \quad \boldsymbol{p}_2 = \begin{pmatrix} p_{12} \\ p_{22} \end{pmatrix}$$

とすると,

$$AP = \begin{pmatrix} a_{11}p_{11} + a_{12}p_{21} & a_{11}p_{12} + a_{12}p_{22} \\ a_{21}p_{11} + a_{22}p_{21} & a_{21}p_{12} + a_{22}p_{22} \end{pmatrix} = P \begin{pmatrix} \alpha & 0 \\ 0 & \beta \end{pmatrix} = \begin{pmatrix} p_{11}\alpha & p_{12}\beta \\ p_{21}\alpha & p_{22}\beta \end{pmatrix}$$

となり,

$$A\boldsymbol{p}_1 = \alpha \boldsymbol{p}_1, \quad A\boldsymbol{p}_2 = \beta \boldsymbol{p}_2$$

が得られる．言い換えると，α, β は A の固有値で，$\boldsymbol{p}_1, \boldsymbol{p}_2$ はそれぞれ α, β に対応する固有ベクトルである．

逆に A の固有値を α, β として，それぞれ対応する固有ベクトルを

$$\boldsymbol{p}_1 = \begin{pmatrix} p_{11} \\ p_{21} \end{pmatrix}, \quad \boldsymbol{p}_2 = \begin{pmatrix} p_{12} \\ p_{22} \end{pmatrix}$$

として，それから作られる行列を

$$P = \begin{pmatrix} p_{11} & p_{12} \\ p_{21} & p_{22} \end{pmatrix}$$

とする．いま，$p_{11}p_{22} - p_{21}p_{12} = 0$ と仮定する．ここで，$\boldsymbol{p}_1 \neq \boldsymbol{0}$ なので，$p_{11} \neq 0$ か $p_{12} \neq 0$ である．いま，$p_{11} \neq 0$ と仮定しても一般性を失わない．このとき，$p_{11}\boldsymbol{p}_2 = p_{21}\boldsymbol{p}_2$ が成り立つので,

$$\beta \boldsymbol{p}_2 = A \frac{p_{21}}{p_{11}} \boldsymbol{p}_1 = \frac{p_{21}}{p_{11}} A \boldsymbol{p}_1 = \frac{p_{21}}{p_{11}} \alpha \boldsymbol{p}_1 = \alpha \frac{p_{21}}{p_{11}} \boldsymbol{p}_1 = \alpha \boldsymbol{p}_2$$

が成り立ち，結果として $(\alpha - \beta)\boldsymbol{p}_2 = \boldsymbol{0}$ となる．ここで，$\boldsymbol{p}_2 \neq \boldsymbol{0}$ なので，$\alpha = \beta$ が成り立つ．$p_{12} \neq 0$ としても同様な計算から $\alpha = \beta$ が得られる．対偶をとると，A の固有値 α, β が異なるとき，P は正則行列であることがわかった．このとき，前と同様な計算から,

$$AP = P \begin{pmatrix} \alpha & 0 \\ 0 & \beta \end{pmatrix}$$

がわかる．すなわち，2次行列 A は異なる固有値 α, β をもつとき，固有ベクトル $\boldsymbol{p}_1, \boldsymbol{p}_2$ を並べて得られる正則行列 P によって対角化される．

このように行列 A が対角化されたとき，以下のようにして A^n を比較的簡単に求めることができる．いま $P^{-1}AP = \begin{pmatrix} \alpha & 0 \\ 0 & \beta \end{pmatrix}$ なので，

$$P^{-1}A^n P = (P^{-1}AP)^n = \begin{pmatrix} \alpha & 0 \\ 0 & \beta \end{pmatrix}^n = \begin{pmatrix} \alpha^n & 0 \\ 0 & \beta^n \end{pmatrix}$$

となり，

$$A^n = P \begin{pmatrix} \alpha^n & 0 \\ 0 & \beta^n \end{pmatrix} P^{-1}$$

である．このように，対角化される行列の場合，固有値と対角化する正則行列 P を求めれば，A^n は求めることができる．

2.9 対称行列の対角化

行列 A が**対称行列**であるとは，${}^tA = A$ を満たすことである．このとき，A は正方行列となる．特に2次行列の場合は，$A = \begin{pmatrix} a_{11} & a_{12} \\ a_{21} & a_{22} \end{pmatrix}$ に対して，${}^tA = \begin{pmatrix} a_{11} & a_{21} \\ a_{12} & a_{22} \end{pmatrix}$ なので，対称行列であるための必要十分条件は $a_{12} = a_{21}$ が成り立つことである．

■**例 2.9.1** 次の行列は対称行列である．

$$\begin{pmatrix} 3 & -1 \\ -1 & 2 \end{pmatrix}, \quad \begin{pmatrix} 1 & 2 \\ 2 & -5 \end{pmatrix}.$$

2.9 対称行列の対角化

対称行列の固有値を求めるために，その固有方程式を計算すると，

$$0 = \det(A - tI) = \det\begin{pmatrix} a_{11} - t & a_{12} \\ a_{12} & a_{22} - t \end{pmatrix} = t^2 - (a_{11} + a_{22})t + a_{11}a_{22} - a_{12}^2$$

である．その判別式は

$$D = (a_{11} + a_{22})^2 - 4(a_{11}a_{22} - a_{12}^2) = (a_{11} - a_{22})^2 + 4a_{12}^2 \geq 0$$

となるので，固有方程式の解は常に実数である．特に，$D = 0$ となるための必要十分条件は $a_{11} = a_{22}, a_{12} = 0$ なので，行列 A は対角行列 $A = \begin{pmatrix} \alpha & 0 \\ 0 & \alpha \end{pmatrix}$ ($\alpha = a_{11} = a_{22}$) となる．したがって以下の命題が成り立つ．

【命題 2.9.1】 2次の対称行列 A の固有値は実数であり，$A = \begin{pmatrix} \alpha & 0 \\ 0 & \alpha \end{pmatrix}$ のとき，ただ1つの固有値 α をもち，その他の場合は異なる2つの固有値をもつ．

ここで，A を2次対称行列，λ, μ を A の異なる固有値とする．さらに，$\boldsymbol{x}, \boldsymbol{y}$ をそれぞれ λ, μ に対応する固有ベクトルとすると，

$$A\boldsymbol{x} = \lambda\boldsymbol{x}, \quad A\boldsymbol{y} = \mu\boldsymbol{y}$$

である．このとき，$\|\boldsymbol{x}\| \neq 1$ のとき，$\overline{\boldsymbol{x}} = \boldsymbol{x}/\|\boldsymbol{x}\|$ とすると

$$A\overline{\boldsymbol{x}} = A\frac{1}{\|\boldsymbol{x}\|}\boldsymbol{x} = \frac{1}{\|\boldsymbol{x}\|}A\boldsymbol{x} = \frac{1}{\|\boldsymbol{x}\|}\lambda\boldsymbol{x} = \lambda\frac{1}{\|\boldsymbol{x}\|}\boldsymbol{x} = \lambda\overline{\boldsymbol{x}}$$

なので，最初から $\|\boldsymbol{x}\| = 1$ なるものを固有ベクトルとしてとることができる．同様に $\|\boldsymbol{y}\| = 1$ としてよい．ここで，$\boldsymbol{x} = \begin{pmatrix} x_1 \\ x_2 \end{pmatrix}$，$\boldsymbol{y} = \begin{pmatrix} y_1 \\ y_2 \end{pmatrix}$ とするとき，${}^t\boldsymbol{x} = (x_1, x_2)$ であり，行列としての積は

$$
{}^t\boldsymbol{xy} = (x_1, x_2)\begin{pmatrix} y_1 \\ y_2 \end{pmatrix} = x_1 y_1 + x_2 y_2 = \boldsymbol{x}\cdot\boldsymbol{y}
$$

となる．これは，内積の行列の積としての単なる言い換えであるが，この表示には言い換え以上の意味がある．

$$
\lambda\boldsymbol{x}\cdot\boldsymbol{y} = \lambda{}^t\boldsymbol{xy} = {}^t(\lambda\boldsymbol{x})\boldsymbol{y} = {}^t(A\boldsymbol{x})\boldsymbol{y} = {}^t\boldsymbol{x}\,{}^tA\boldsymbol{y} = {}^t\boldsymbol{x}(A\boldsymbol{y}) = {}^t\boldsymbol{x}(\mu\boldsymbol{y}) = \mu\,{}^t\boldsymbol{xy} = \mu\boldsymbol{x}\cdot\boldsymbol{y}
$$

で，$\mu \neq \lambda$ なので，$\boldsymbol{x}\cdot\boldsymbol{y}=0$ が成り立つ．すなわち，$\boldsymbol{x}$ と $\boldsymbol{y}$ は直交する．したがって，$P = \begin{pmatrix} x_1 & y_1 \\ x_2 & y_2 \end{pmatrix}$ は直交行列である．その列ベクトルは λ, μ に対応する固有ベクトルで，$P^{-1} = {}^tP$ なので，以下の定理が成り立つ．

【定理 2.9.2】 2次対称行列 A の固有値を λ, μ とすると，ある直交行列 P が存在して，

$$
{}^tPAP = \begin{pmatrix} \lambda & 0 \\ 0 & \mu \end{pmatrix}
$$

が成り立つ．

証明 λ, μ が異なるとき，上記のように P をとればよい．$\lambda = \mu$ のとき，$A = \begin{pmatrix} \alpha & 0 \\ 0 & \alpha \end{pmatrix}$ のみであり，$\alpha = \lambda = \mu$ なので，$P = I$ とすればよい．□

■ 例 2.9.2 2次対称行列 $A = \begin{pmatrix} 2 & -2 \\ -2 & -1 \end{pmatrix}$ を直交行列で対角化する．固有方程式は

$$
0 = \det\begin{pmatrix} 2-t & -2 \\ -2 & -1-t \end{pmatrix} = (t+2)(t-3)
$$

なので，固有値は $\lambda = -2, 3$ である．それぞれに対応する固有ベクトルを求

めると，-2 に対応する固有ベクトルは $c\begin{pmatrix}1\\2\end{pmatrix}$ なので，長さ 1 の固有ベクトルは $\boldsymbol{x}=\begin{pmatrix}\frac{1}{\sqrt{5}}\\\frac{2}{\sqrt{5}}\end{pmatrix}$ である．同様に，3 に対応する長さ 1 の固有ベクトルは $\boldsymbol{y}=\begin{pmatrix}\frac{-2}{\sqrt{5}}\\\frac{1}{\sqrt{5}}\end{pmatrix}$ となり，対応する直交行列は $P=\begin{pmatrix}\frac{1}{\sqrt{5}}&\frac{-2}{\sqrt{5}}\\\frac{2}{\sqrt{5}}&\frac{1}{\sqrt{5}}\end{pmatrix}$ であり，

$$^tPAP=\begin{pmatrix}-2&0\\0&3\end{pmatrix}$$

となる．

2.10　2 次曲線

直線は一般に方程式

$$ax+by+c=0$$

で書かれていたが，ヘッセの標準形に書き直すことにより，

$$\cos\theta x+\sin\theta y+c=0$$

という方程式となる．ここで，行列

$$A=\begin{pmatrix}\cos\theta&-\sin\theta\\\sin\theta&\cos\theta\end{pmatrix}$$

による角 θ の回転

$$\begin{pmatrix}x\\y\end{pmatrix}=\begin{pmatrix}\cos\theta&-\sin\theta\\\sin\theta&\cos\theta\end{pmatrix}\begin{pmatrix}X\\Y\end{pmatrix}=\begin{pmatrix}\cos\theta X-\sin\theta Y\\\sin\theta X+\cos\theta Y\end{pmatrix}$$

で変数変換すると，直線の方程式は

$$\cos\theta x + \sin\theta y + c = \cos\theta(\cos\theta X - \sin\theta Y) + \sin\theta(\sin\theta X + \cos\theta Y) + c$$
$$= \cos^2\theta X + \sin^2\theta X + c = X + c$$

となる．さらに，$X+c$ は平行移動

$$\begin{pmatrix} X \\ Y \end{pmatrix} = \begin{pmatrix} x \\ y \end{pmatrix} + \begin{pmatrix} -c \\ 0 \end{pmatrix}$$

により，方程式 $x=0$ に移される．言い換えると以下の定理が成り立つ．

【定理 2.10.1】 ユークリッド平面内の直線 $\ell : ax+by+c=0, ((a,b)\neq(0,0))$ は回転と平行移動で直線 $\ell_0 : x=0$ に移される．

ここで，$\ell_0 : x=0$ を平面上の直線の**標準形**と呼ぶ．

このように，1次方程式で定まる任意の直線は，標準形に回転と平行移動で重ね合わせることができる．

次に x,y の2次方程式で定まる平面図形が一般にどのような形をしているかを調べる．2変数の2次方程式は一般に

$$Ax^2 + Bxy + Cyx + Dy^2 + Hx + Iy + J = 0$$

という形をしているが，

$$Bxy + CyX = (B+C)xy = 2\frac{(B+C)}{2}xy$$

なので，

$$A = a, \quad \frac{B+C}{2} = h, \quad D = b, \quad H = 2g, \quad I = 2f, \quad J = c$$

とおくと，

$$ax^2 + 2hxy + by^2 + 2gx + 2fy + c = 0$$

と書くことができる（この形のほうが後で調べやすくなる）．この形の方程式で定まる，平面上の図形を一般の **2 次曲線** と呼ぶ．ここで，以下の特別な 3 種類の 2 次曲線を考える：

(i) $\quad y^2 - 4px = 0 \ (a = h = f = c = 0, b = 1, g = -2p);\quad$ 放物線
(ii) $\quad ax^2 + by^2 = 1 \ (a > 0, b > 0; h = g = f = c = 0);\quad$ 楕円
(iii) $\quad ax^2 - by^2 = 1 \ (a > 0, b > 0; h = g = f = c = 0);\quad$ 双曲線

特別な 3 種類の 2 次曲線は，すでに高等学校の数学 C で習った内容であるが，数学 C を履修していない読者のために，これらの導入の仕方について復習する．

放物線

平面上で定点 F と F を通らない定直線 ℓ から等距離にある点の軌跡を **放物線** といい，F を **焦点**，ℓ を **準線** と呼ぶ．

焦点 F の座標を $F(p, 0)$，準線 ℓ の方程式を $\ell : x = -p\ (p \neq 0)$ として，点 $P(x, y)$ を放物線上の点とすると，点 P から直線 ℓ に降ろした垂線の足は点 $H(-p, y)$ なので，関係式

$$\{x - (-p)\}^2 + (y - y)^2 = (x - p)^2 + (y - 0)^2$$

を満たす．これを整理すると，式

$$4px = y^2$$

が得られる．

楕円

平面上で 2 点 F, F' からの距離の和が一定であるような点の軌跡を **楕円** といい，この 2 点 F, F' を **焦点** と呼ぶ．焦点の座標を $F(c, 0), F(-c, 0)$ として，楕円上の点を $P(x, y)$，2 点の距離の和が $2p$ とすると，$PF + PF' = 2p$ なので，

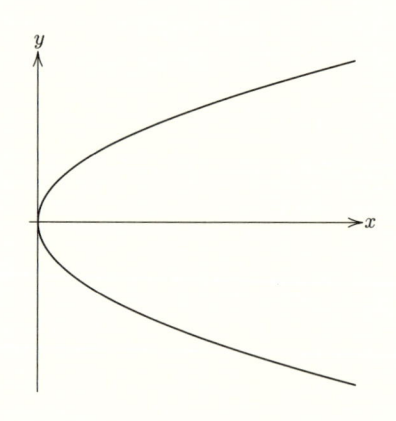

図 2.12 放物線

$$\sqrt{(x-c)^2+y^2}+\sqrt{(x+c)^2+y^2}=2p$$

となり，根号を展開して整理すると，

$$p\sqrt{(x+c)^2+y^2}=p^2+cx$$

が得られる．さらに両辺を 2 乗すると

$$(p^2-c^2)x^2+p^2y^2=p^2(p^2-c^2)$$

となる．ここで，$p>c$ なので $\sqrt{p^2-c^2}=q$ とおくと，$p>q>0$ で，

$$q^2x^2+p^2y^2=p^2q^2$$

となる．両辺を p^2q^2 で割ると，式

$$\frac{x^2}{p^2}+\frac{y^2}{q^2}=1$$

が得られる．ここで，$c=\pm\sqrt{p^2-q^2}$ なので，焦点は

$$F(\sqrt{p^2-q^2},0),\ F'(-\sqrt{p^2-q^2},0)$$

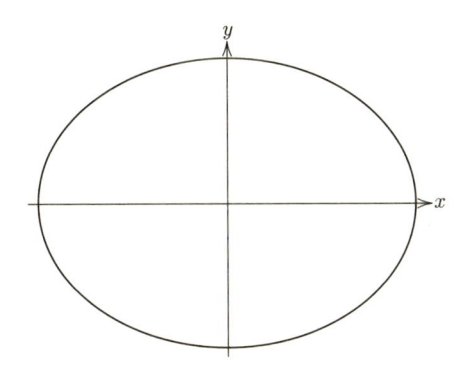

である．ここで，$a = 1/p^2, b = 1/q^2$ とおくと，楕円の式が得られる．この場合，$2p > 2q$ で x 軸を**長軸**，y 軸を**短軸**と呼ぶ．

双曲線

平面上で 2 点 F, F' からの距離の差が一定であるような点の軌跡を**双曲線**といい，F, F' を**焦点**と呼ぶ．焦点の座標を $F(c, 0), F'(-c, 0)$ として，双曲線上の点を $P(x, y)$ とする．焦点からの距離の差が $2p$（ただし，$c > p$ とする）であると仮定すると $PF - PF' = \pm 2p$ なので

$$\sqrt{(x-c)^2 + y^2} - \sqrt{(x+c)^2 + y^2} = \pm 2p$$

となる．平方根を 2 乗して整理すると

$$\mp p\sqrt{(x+c)^2 + y^2} = p^2 + cx$$

となり，さらに両辺を 2 乗して整理すると，

$$(c^2 - p^2)x^2 - p^2 y^2 = p^2(c^2 - p^2)$$

が得られる．$c > p$ なので，$q = \sqrt{c^2 - p^2}$ とおくと，

$$q^2x^2 - p^2y^2 = p^2q^2$$

となり，両辺を p^2q^2 で割ると，

$$\frac{x^2}{p^2} - \frac{y^2}{q^2} = 1$$

が得られる．ここで，$c = \pm\sqrt{p^2+q^2}$ なので，焦点は

$$F(\sqrt{p^2+q^2}, 0), \quad F'(-\sqrt{p^2+q^2}, 0)$$

である．$a = 1/p^2, b = 1/q^2$ とおくと双曲線の式が得られる．

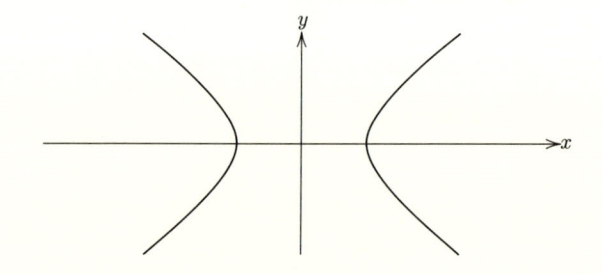

図 2.14 双曲線

双曲線

$$\frac{x^2}{p^2} - \frac{y^2}{q^2} = 1$$

において右辺を 1 の代わりに 0 とおいた式

$$q^2x^2 - p^2y^2 = 0$$

は，

$$y = \pm\frac{q}{p}x$$

となり，2 本の直線を表す．一方，双曲線の方程式

$$p^2y^2 = q^2(x^2 - p^2)$$

から，y に関して整理すると，

$$y = \pm \frac{q}{p}\sqrt{x^2 - p^2}$$

が得られる．このとき，右辺の差をとると

$$\pm \frac{q}{p}\sqrt{x^2 - p^2} \mp \frac{q}{p}x = \pm \frac{p}{q}(\sqrt{x^2 - p^2} - x)$$

となる．さらにその右辺を有理化すると

$$\mp qp \frac{1}{\sqrt{x^2 - p^2} + x}$$

となり，$x \to \infty$ と極限をとるとその値は 0 に収束する．このことは $y = \pm \frac{q}{p}\sqrt{x^2 - p^2}$ が 2 直線

$$y = \pm \frac{q}{p}x$$

にどんどん近づくことを意味する．

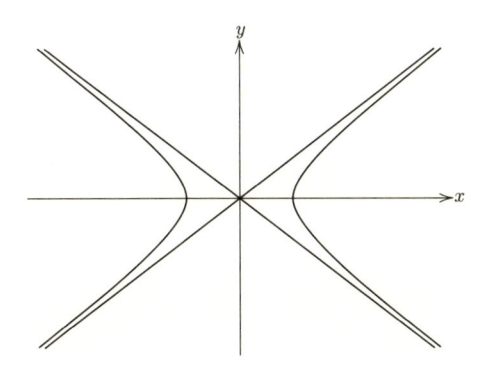

図 2.15 双曲線とその漸近線

この 2 直線を双曲線

$$\frac{x^2}{p^2} - \frac{y^2}{q^2} = 1$$

の**漸近線**と呼ぶ．また，2 点 $(q, 0), (-q, 0)$ を双曲線の**頂点**と呼ぶ．

次に，上記のそれぞれの2次曲線を90度回転したものを考えると，以下のように書くことができる．

放物線

$p \neq 0, F(0, p)$ を焦点，$y = -p$ を準線とする放物線は
$$x^2 = 4py$$
である．

楕円

$F(0, \sqrt{q^2-p^2}), F'(0, -\sqrt{q^2-p^2})\ (q > p > 0)$ を焦点して，$FP + F'P = 2q$ として得られる楕円は
$$\frac{x^2}{p^2} + \frac{y^2}{q^2} = 1$$
で，**長軸**は y 軸上に，**短軸**は x 軸上にある．

双曲線

$F(0, \sqrt{p^2+q^2}), F'(0, -\sqrt{p^2+q^2})$ を焦点して，頂点を $(0, q), (0, -q)$ とする双曲線は
$$\frac{x^2}{p^2} - \frac{y^2}{q^2} = -1$$
で漸近線は
$$y = \pm \frac{q}{p} x$$
である．

■**例 2.10.1** 円 $x^2 + y^2 = 4^2$ を x 軸をもとにして y 軸方向に $\frac{3}{4}$ 倍して得られる曲線を求める．この変換は点 $Q(s, t)$ を点 $P(x, y)$ に移す1次変換なので，$x = s, y = \frac{3}{4} t$ となる．いま点 $Q(s, t)$ は円上にあるとすると，$s^2 + t^2 = 4^2$ を満たしている．したがって，この式に変換式を代入すると
$$\frac{x^2}{16} + \frac{y^2}{9} = 1$$

が得られ，楕円であることがわかる．

■**例 2.10.2**　座標平面上において，長さが 5 の線分 AB の端点 A は x 軸上を端点 B は y 軸上を動くとき，線分 AB を $2:3$ に内分する点 P の軌跡を求める．

端点の座標をそれぞれ $A(s,0), B(0,t)$ とすると $\overline{AB} = 5$ なので，$s^2 + t^2 = 5^2$ を満たす．点 P の座標を $P(x,y)$ とすると，P は AB を $2:3$ に内分する点なので，

$$(x,y) = \frac{3}{2+3}(s,0) + \frac{2}{2+3}(0,t) = \left(\frac{3}{5}t, \frac{2}{5}t\right)$$

が得られる．したがって，$s = \frac{5}{3}x$, $t = \frac{5}{2}y$ となり，これを前の条件式に代入すると

$$\frac{25}{9}x^2 + \frac{25}{4} = 25$$

となり，楕円の式

$$\frac{x^2}{9} + \frac{y^2}{4} = 1$$

が得られる．

ここでは，これら 3 種類の特別な場合の 2 次曲線と一般の形の 2 次曲線の関係について考える．最初に，2 次曲線を与える 2 次方程式

$$ax^2 + 2hxy + by^2 + 2gx + 2fy + c = 0$$

の 2 次の項のみを取り出し，

$$ax^2 + 2hxy + by^2$$

を x, y に関する **2 次形式** と呼ぶ．2 次形式に対して，2 次の対称行列

$$\begin{pmatrix} a & h \\ h & b \end{pmatrix}$$

が対応する．このとき，$\boldsymbol{x} = \begin{pmatrix} x \\ y \end{pmatrix}$ について，

$${}^t\boldsymbol{x}A\boldsymbol{x} = (x, y) \begin{pmatrix} a & h \\ h & b \end{pmatrix} \begin{pmatrix} x \\ y \end{pmatrix} = ax^2 + 2hxy + by^2$$

となり，${}^t\boldsymbol{x}A\boldsymbol{x}$ が 2 次形式となる．A は実対称行列なので，定理 2.9.2 により，ある直交行列 P が存在して

$${}^tPAP = \begin{pmatrix} \lambda & 0 \\ 0 & \mu \end{pmatrix}$$

となった．ここで，λ, μ は A の固有値である．ただし，$\lambda = \mu$ の場合は $P = I$ である．ここで，この直交行列 P を用いて，直交変換 $f(\boldsymbol{a}) = {}^tP\boldsymbol{a}$ を考える．$\boldsymbol{x}' = f(\boldsymbol{x}) = {}^tP\boldsymbol{x}$ と表すと，P は直交行列なので $P\boldsymbol{x}' = \boldsymbol{x}$ となる．したがってこの直交変換で 2 次形式を変換すると

$$\begin{align}
{}^t\boldsymbol{x}A\boldsymbol{x} &= {}^t(P\boldsymbol{x}')A(P\boldsymbol{x}') = ({}^t\boldsymbol{x}'{}^tP)A(P\boldsymbol{x}') \tag{2.24} \\
&= {}^t\boldsymbol{x}'({}^tPAP)\boldsymbol{x} = {}^t\boldsymbol{x}' \begin{pmatrix} \lambda & 0 \\ 0 & \mu \end{pmatrix} \boldsymbol{x}' \tag{2.25} \\
&= (x', y') \begin{pmatrix} \lambda & 0 \\ 0 & \mu \end{pmatrix} \begin{pmatrix} x' \\ y' \end{pmatrix} \tag{2.26} \\
&= \lambda(x')^2 + \mu(y')^2 \tag{2.27}
\end{align}$$

となる．ただし，$\boldsymbol{x}' = \begin{pmatrix} x' \\ y' \end{pmatrix}$ とする．このようにして，2 次曲線の方程式の 2 次形式の部分を直交変換で特別な場合の 2 次曲線の形に変換することができる．このようにして，変換された 2 次形式を **2 次形式の標準形**と呼ぶ．

このとき，2次方程式の1次の項は $2qx+2fy+c$ であるが，$P = \begin{pmatrix} p_{11} & p_{12} \\ p_{21} & p_{22} \end{pmatrix}$ とすると，

$$\begin{pmatrix} x \\ y \end{pmatrix} = \begin{pmatrix} p_{11} & p_{12} \\ p_{21} & p_{22} \end{pmatrix} \begin{pmatrix} x' \\ y' \end{pmatrix} = \begin{pmatrix} p_{11}x' + p_{12}y' \\ p_{21}x' + p_{22}y' \end{pmatrix}$$

なので，

$$\begin{aligned} 2qx + 2fy + c &= 2g(p_{11}x' + p_{12}y') + 2f(p_{21}x' + p_{22}y') + c \\ &= (2gp_{11} + 2fp_{21})x' + (2gp_{12} + 2fp_{22})y' + c \end{aligned}$$

となり，

$$\begin{pmatrix} g' \\ f' \end{pmatrix} = \begin{pmatrix} p_{11} & p_{21} \\ p_{12} & p_{22} \end{pmatrix} \begin{pmatrix} g \\ f \end{pmatrix} = \begin{pmatrix} gp_{11} + fp_{21} \\ gp_{12} + fp_{22} \end{pmatrix}$$

とおくと，

$$2qx + 2fy + c = 2g'x' + 2fy' + c$$

となる．したがって，2次方程式は

$$0 = aax^2 + 2hxy + by^2 + 2gx + 2fy + c = \lambda x'^2 + \mu y'^2 + 2g'x' + 2f'y' + c$$

となる．

ここで，以下のように場合分けして考える．

(1) $\lambda = \mu = 0$ とする．この場合，方程式は $2g'x' + 2f'y' + c = 0$ となり，1次方程式であり，この場合は直線となるが，$a = b = h = 0$ であり，この場合は除外される．

(2) $\lambda \neq 0, \mu = 0$ とする. この場合,

$$\begin{aligned}
0 &= \lambda x'^2 + 2g'x' + 2f'y' + c \\
&= \lambda \left(x'^2 + \frac{2g'}{\lambda} x' \right) + 2f'y' + c \\
&= \lambda \left(x' + \frac{g'}{\lambda} \right)^2 + 2f'y' + c - \frac{g'^2}{\lambda}
\end{aligned}$$

となる. ここで,

(a) $f' \neq 0$ のとき, 方程式は

$$0 = \lambda \left(x' + \frac{g'}{\lambda} \right)^2 + 2f' \left(y' + \frac{c\lambda - g'^2}{2f'\lambda} \right)$$

となる. ここで,

$$\begin{pmatrix} X \\ Y \end{pmatrix} = \begin{pmatrix} x' \\ y' \end{pmatrix} + \begin{pmatrix} \dfrac{g'}{\lambda} \\ \dfrac{c\lambda - g'^2}{2f'\lambda} \end{pmatrix}$$

とおくと, $0 = \lambda X^2 + 2f'Y$ となり, さらに $2f'/\lambda = -4p$ とおくと, 方程式は

$$X^2 - 4pY = 0$$

と書かれ, 放物線を表す.

(b) $f' = 0$ のとき, 方程式は

$$0 = \lambda \left(x' + \frac{g'}{\lambda} \right)^2 + c - \frac{g'^2}{\lambda}$$

となり,

$$\begin{pmatrix} X \\ Y \end{pmatrix} = \begin{pmatrix} x' \\ y' \end{pmatrix} + \begin{pmatrix} \dfrac{g'}{\lambda} \\ 0 \end{pmatrix}$$

とおくと,

$$X^2 + \frac{\lambda c - g'^2}{\lambda^2}$$

となる．ここで，
  (イ) $\lambda c - g'^2 = 0$ のとき，2重直線を表す．
  (ロ) $\lambda c - g'^2 > 0$ のときは，図形を表さない．
  (ハ) $\lambda c - g'^2 < 0$ のときは，
$$X = \pm\sqrt{\frac{g'^2 - \lambda c}{\lambda^2}}$$
であり，平行な2直線を表す．

(3) $\lambda \neq 0, \mu \neq 0$ とする．このとき，方程式は
$$\lambda x'^2 + \mu y'^2 + 2g'x' + 2f'y' + c = 0$$
であり，それは変形すると
$$\lambda\left(x'^2 + \frac{g'}{\mu}\right)^2 + \left(y' + \frac{f'}{\lambda}\right)^2 + c - \frac{g'^2}{\mu^2} - \frac{f'^2}{\lambda^2} = 0$$
となる．ここで
$$X = x' + \frac{g'}{\mu}, \quad Y = y' + \frac{f'}{\lambda}$$
とおくと，
$$\lambda X^2 + \mu Y^2 + c - \frac{g'^2}{\mu^2} - \frac{f'^2}{\lambda^2} = 0$$
と書き表される．

 (a) $c = \dfrac{g'^2}{\mu^2} + \dfrac{f'^2}{\lambda^2}$ のとき，
  (イ) $\lambda\mu > 0$ ならば方程式は1点を表す．
  (ロ) $\lambda\mu < 0$ のとき，方程式は $\lambda X^2 + \mu Y^2 = 0$ となり，交わる2直線を表す．
 (b) $c - \dfrac{g'^2}{\mu^2} - \dfrac{f'^2}{\lambda^2} = -\gamma \neq 0$ のとき，方程式は
$$\frac{\lambda}{\gamma}X^2 + \frac{\mu}{\gamma}Y^2 = \pm 1$$

となり，図形を表す場合は楕円または双曲線である．$\lambda/\gamma > 0, \mu/\gamma > 0$ かつ右辺が -1 の場合または $\lambda/\gamma < 0, \mu/\gamma < 0$ かつ右辺が 1 は図形を表さない．

以上の計算で用いた変数変換（座標変換）は直交変換と平行移動のみなので，以下の定理が証明された．

【定理 2.10.2】 2次曲線

$$ax c^2 + 2hxy + by^2 + 2fx + 2gy + c = 0$$

は，直交変換と平行移動の組合せによって以下のものに移される（重ね合わせることができる）．

μ, λ を対称行列 $A = \begin{pmatrix} a & h \\ h & b \end{pmatrix}$ の固有値とする．

[I] $\lambda \neq 0, \mu \neq 0$ のとき，

$\dfrac{x^2}{p^2} + \dfrac{y^2}{q^2} = 1$ 　　楕円

$\dfrac{x^2}{p^2} - \dfrac{y^2}{q^2} = 1$ 　　双曲線

$\dfrac{x^2}{p^2} + \dfrac{y^2}{q^2} = -1$ 　　図形を表さない

$\dfrac{x^2}{p^2} + \dfrac{y^2}{q^2} = 0$ 　　1点

$\dfrac{x^2}{p^2} - \dfrac{y^2}{q^2} = 0$ 　　交わる2直線

[II] $\lambda \neq 0, \mu = 0$ のとき，

$4px^2 - y = 0$ 　　放物線

$x^2 - p^2 = 0$ 　　平行な2直線

$x^2 + p^2 = 0$ 　　図形を表さない

$x^2 = 0$ 　　2重直線

以上の表に現れる 2 次曲線を，**2 次曲線の標準形**という．

■ **例 2.10.3** $x^2 + 4xy + y^2 - 5 = 0$ の表す 2 次曲線の標準形を求める．
$A = \begin{pmatrix} 1 & 2 \\ 2 & 1 \end{pmatrix}$ なので，固有値は

$$0 = \det \begin{pmatrix} 1-t & 2 \\ 2 & 1-t \end{pmatrix} = (t-3)(t+1)$$

を解くと，$\lambda = -1, 3$ である．-1 に対応する固有ベクトルは，$c \begin{pmatrix} 1 \\ -1 \end{pmatrix}$ なので，長さが 1 のものは $\begin{pmatrix} \frac{1}{\sqrt{2}} \\ -\frac{1}{\sqrt{2}} \end{pmatrix}$ である．また，3 に対する固有ベクトルは，$c \begin{pmatrix} 1 \\ 1 \end{pmatrix}$ で長さ 1 のものは $\begin{pmatrix} \frac{1}{\sqrt{2}} \\ \frac{1}{\sqrt{2}} \end{pmatrix}$ である．したがって，直交行列 $P = \begin{pmatrix} \frac{1}{\sqrt{2}} & \frac{1}{\sqrt{2}} \\ -\frac{1}{\sqrt{2}} & \frac{1}{\sqrt{2}} \end{pmatrix}$ を考える．その逆行列は

$${}^t P = \begin{pmatrix} \frac{1}{\sqrt{2}} & -\frac{1}{\sqrt{2}} \\ \frac{1}{\sqrt{2}} & \frac{1}{\sqrt{2}} \end{pmatrix} = \begin{pmatrix} \cos 45° & -\sin 45° \\ \sin 45° & \cos 45° \end{pmatrix}$$

であり，

$$\begin{pmatrix} X \\ Y \end{pmatrix} = {}^t P \begin{pmatrix} x \\ y \end{pmatrix} = \begin{pmatrix} \frac{1}{\sqrt{2}} x - \frac{1}{\sqrt{2}} y \\ \frac{1}{\sqrt{2}} x + \frac{1}{\sqrt{2}} y \end{pmatrix}$$

とすると，$-X^2 + 3Y^2 = 5$ となり，標準形は

$$-x^2 + 3y^2 = 5$$

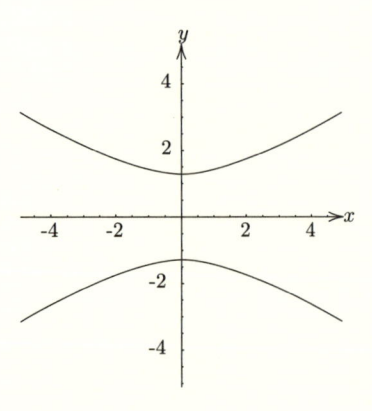

図 2.16 双曲線 $-x^2 + 3y^2 = 5$

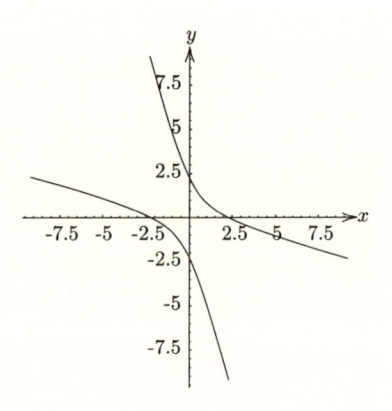

図 2.17 2次曲線 $x^2 + 4xy + y^2 - 5 = 0$

であり，これは双曲線を表す（図 2.16）．

与えられた曲線はこの双曲線の標準形を -45 度回転したものと理解できる．実際，-45 度回転させると2次曲線 $x^2 + 4xy + y^2 - 5 = 0$ の図が描ける（図 2.17）．

■例 2.10.4　$x^2 + 4xy + 4y^2 + 6x + 2y + 11 = 0$ の表す 2 次曲線の標準形を求める．$A = \begin{pmatrix} 1 & 2 \\ 2 & 4 \end{pmatrix}$ なので，固有値は

$$0 = \det \begin{pmatrix} 1-t & 2 \\ 2 & 4-t \end{pmatrix} = t(t-5)$$

を解くと，$\lambda = 0, 5$ である．0 に対応する固有ベクトルは，$c \begin{pmatrix} -2 \\ 1 \end{pmatrix}$ なので，長さが 1 のものは $\begin{pmatrix} \frac{-2}{\sqrt{5}} \\ +\frac{1}{\sqrt{5}} \end{pmatrix}$ である．また，5 に対する固有ベクトルは，$c \begin{pmatrix} 1 \\ 2 \end{pmatrix}$ で長さ 1 のものは $\begin{pmatrix} \frac{1}{\sqrt{5}} \\ \frac{2}{\sqrt{5}} \end{pmatrix}$ である．したがって，直交行列 $P = \begin{pmatrix} \frac{1}{\sqrt{5}} & -\frac{2}{\sqrt{5}} \\ \frac{2}{\sqrt{5}} & \frac{1}{\sqrt{5}} \end{pmatrix}$ によって，2 次形式 $x^2 + 4xy + 4y^2$ は $5X^2 + 0Y^2$ に変換される．1 次式 $6x + 2y + 11$ は $6 \left(\frac{1}{\sqrt{5}} X - \frac{2}{\sqrt{5}} Y \right) + 2 \left(\frac{2}{\sqrt{5}} X + \frac{1}{\sqrt{5}} Y \right) + 11 = \frac{10}{\sqrt{5}} X - \frac{10}{\sqrt{5}} Y + 11$ となり，2 次曲線の方程式は

$$5X^2 + \frac{10}{\sqrt{5}} X - \frac{10}{\sqrt{5}} Y + 11 = 0$$

となる．ここで

$$5X^2 + \frac{10}{\sqrt{5}} X - \frac{10}{\sqrt{5}} Y + 11 = 5 \left(X + \frac{\sqrt{5}}{10} \right)^2 - 2\sqrt{5}(Y - \sqrt{5})$$

なので，平行移動 $X = x' - \frac{\sqrt{5}}{10}, Y = y' + \sqrt{5}$ によって，方程式は $5x'^2 - 2\sqrt{5}y'$

$= 0$ となる．したがって，標準形は

$$5x^2 - 2\sqrt{5}y = 0$$

であり，これは放物線を表す（図 2.18）．

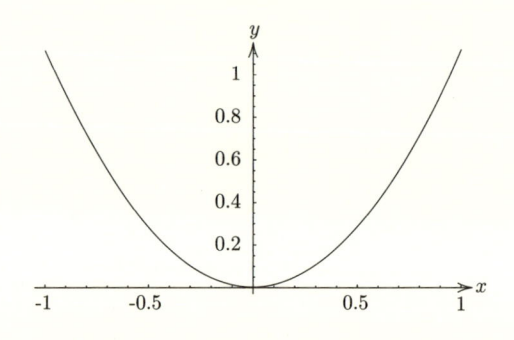

図 2.18 放物線 $5x^2 - 2\sqrt{5}y = 0$

この双曲線の標準形を，前記で行った変換の逆変換である直交変換

$$\begin{pmatrix} x \\ y \end{pmatrix} = \begin{pmatrix} \dfrac{1}{\sqrt{5}}X + \dfrac{2}{\sqrt{5}}Y \\ -\dfrac{2}{\sqrt{5}}X + \dfrac{1}{\sqrt{5}}Y \end{pmatrix}$$

と，平行移動

$$\begin{pmatrix} x \\ y \end{pmatrix} = \begin{pmatrix} X + \dfrac{\sqrt{5}}{10} \\ Y - \sqrt{5} \end{pmatrix}$$

で変換すると，与えられた 2 次曲線 $x^2 + 4xy + 4y^2 + 6x + 2y + 11 = 0$ の図が描ける（図 2.19）．

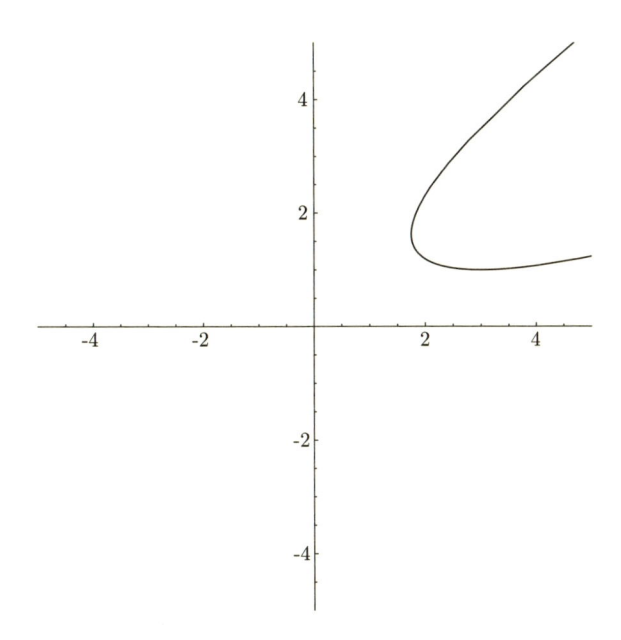

図 2.19 2次曲線 $x^2 + 4xy + 4y^2 + 6x + 2y + 11 = 0$

問 2.10.1 次の2次曲線の標準形を求めよ.
(1) $x^2 - 4xy - 2y^2 + 10x + 4y = 0$
(2) $x^2 - 2xy + y^2 - 8x + 16 = 0$
(3) $5x^2 + 2\sqrt{3}xy + 3y^2 - 4x - 17 = 0$
(4) $x^2 - 2xy + y^2 + 5x - 3y - 2 = 0$

略　　解

問 1.1.1　2×4 型.

問 1.1.2　第 1 行 $4, -2, 1$, 第 2 列 $-2, 1, 0$.

問 1.1.3　$\begin{pmatrix} 0 & -3 & -8 \\ 7 & 4 & -1 \\ 26 & 23 & 18 \end{pmatrix}$

問 1.2.1　(1) $\begin{pmatrix} \frac{5}{2} & \sqrt{2} & 0 \\ 0 & 9 & -5 \end{pmatrix}$　(2) $\begin{pmatrix} -\frac{1}{2} & \sqrt{2} & -2 \\ -2 & -9 & 9 \end{pmatrix}$　(3) $\begin{pmatrix} 8 & 3 \\ -6 & \frac{11}{2} \\ 1 & 3 \end{pmatrix}$

(4) $\begin{pmatrix} 2 & 1 \\ -6 & -\frac{9}{2} \\ -1 & -1 \end{pmatrix}$

問 1.2.2　(1) $\begin{pmatrix} 0 & 0 & 4 \\ 0 & 8 & -4 \\ 2 & -4 & 4 \end{pmatrix}$　(2) $\begin{pmatrix} -12 & -6 & 6 \\ 0 & 18 & -24 \\ -6 & 0 & -\frac{6}{7} \end{pmatrix}$　(3) $\begin{pmatrix} -14 & -7 & 9 \\ 0 & 25 & -30 \\ -6 & -2 & 1 \end{pmatrix}$

(4) $\begin{pmatrix} -8 & -4 & 2 \\ 0 & 8 & -14 \\ -5 & 2 & -\frac{10}{7} \end{pmatrix}$

問 1.3.1 (1) $\begin{pmatrix} 1 & 2 & 0 \\ 1 & 3 & 1 \\ 2\sqrt{2}+1 & 4\sqrt{2}+3 & 1 \end{pmatrix}$ (2) $\begin{pmatrix} 1 & 4 \\ 2\sqrt{2}+1 & \\ 2 & 4 \end{pmatrix}$ (3) $\begin{pmatrix} 3 & 5 & 0 \\ -3 & 30 & \dfrac{3}{5} \\ -1 & 10 & 1 \end{pmatrix}$

(4) $\begin{pmatrix} 3 & 15 & 3 \\ -1 & 30 & 6 \\ 0 & 1 & 1 \end{pmatrix}$ (5) $\begin{pmatrix} \dfrac{1}{2} & 0 \\ \dfrac{3\sqrt{2}}{5} & \dfrac{3}{5} \\ \sqrt{2} & 2 \end{pmatrix}$ (6) $\begin{pmatrix} 2 & 50 & 0 \\ 0 & 35 & 1 \end{pmatrix}$

A は 3×2 型で C は 3×3 型なので，AC は定義されない．また D は 3×3 型で B は 2×3 型なので DB は定義されない．

問 1.3.2 条件は $a^2=9, ab+b=5$ となるので，$a=3, b=\dfrac{5}{4}$ と $a=-3, b=-\dfrac{5}{2}$ の 2 通り．

問 1.3.3 $A^2=\begin{pmatrix} 1 & 2x \\ 0 & 1 \end{pmatrix}$, $A^3=\begin{pmatrix} 1 & 3x \\ 0 & 1 \end{pmatrix}$ なので，$A^n=\begin{pmatrix} 1 & nx \\ 0 & 1 \end{pmatrix}$ と予想できる．ここで，数学的帰納法を用いる．最初に $n=2$ のときは成立する．$n-1$ 以下で成立すると仮定すると，$A^{n-1}=\begin{pmatrix} 1 & (n-1)x \\ 0 & 1 \end{pmatrix}$ であり，したがって $A^n=A(A^{n-1})=\begin{pmatrix} 1 & x \\ 0 & 1 \end{pmatrix}\begin{pmatrix} 1 & (n-1)x \\ 0 & 1 \end{pmatrix}=\begin{pmatrix} 0 & x+(n-1)x \\ 0 & 1 \end{pmatrix}=\begin{pmatrix} 1 & nx \\ 0 & 1 \end{pmatrix}$ となり，帰納法が成り立つ．

問 1.3.4 $A=\begin{pmatrix} a & b \\ c & d \end{pmatrix}$ とおくと，条件 $A^2=A$ は

$$\begin{cases} a^2+bc=a \\ ab+bd=b \\ ca+dc=c \\ cb+d^2=d \end{cases}$$

となる．この条件から，いくつかの場合分けをして a,b,c,d の可能性を調べると，答えは

$$\begin{pmatrix} 0 & 0 \\ 0 & 0 \end{pmatrix},\ \begin{pmatrix} 1 & 0 \\ 0 & 1 \end{pmatrix} \text{と} \begin{pmatrix} \dfrac{1\pm\sqrt{1-4bc}}{2} & b \\ c & \dfrac{1\mp\sqrt{1-4bc}}{2} \end{pmatrix}$$

ただし，b, c は $bc < \dfrac{1}{4}$ なる実数である．

問 1.4.1 (1) $(ABC)^{-1} = (A(BC))^{-1} = (BC)^{-1}A^{-1} = (C^{-1}B^{-1})A^{-1}C^{-1}B^{-1}A^{-1}$.
(2) 帰納法による．$m = 1$ の場合は明らかに成り立つ．$m = n - 1$ 以下で成り立つと仮定すると $m = n$ の場合は，$(A^{-1})^n = ((A^{-1})^{n-1})A^{-1} = (A^{n-1})^{-1}A^{-1} = (A(A^{n-1}))^{-1} = (A^n)^{-1}$ となり成立．

問 1.4.2 $A^2 + A - 2I = O$ なので，$A(A+I) = 2I$ すなわち，$A\dfrac{1}{2}(A+I) = I$ が成り立つ．一方，$\dfrac{1}{2}(A+I)A = \dfrac{1}{2}A^2 + \dfrac{1}{2}A = \dfrac{1}{2}(A^2+A) = \dfrac{1}{2}2I = I$ なので，A は $\dfrac{1}{2}(A+I)$ を逆行列としてもつ正則行列である．

問 1.5.1 (1) ${}^t(A + {}^tA) = {}^tA + {}^t({}^tA) = {}^tA + A = A + {}^tA$ なので $A + {}^tA$ は対称行列である．また ${}^t(A - {}^tA) = {}^tA - {}^t({}^tA) = {}^tA - A = -(A - {}^tA)$ なので，$A - {}^tA$ は交代行列である．
(2) $A = \dfrac{A + {}^tA}{2} + \dfrac{A - {}^tA}{2}$ と書かれる．また，$A = B + C$ と書かれて，B は対称行列，C は交代行列とすると，${}^tA = {}^tB + {}^tC = B - C$ である．したがって，$A + {}^tA = 2B$ かつ $A - {}^tA = 2C$ である．すなわち，$B = \dfrac{A + {}^tA}{2}, C = \dfrac{A - {}^tA}{2}$ と一致し，ただ 1 通りに書かれることがわかる．
(3) $\begin{pmatrix} 1 & 2 \\ 3 & 4 \end{pmatrix} = \begin{pmatrix} 1 & \frac{5}{2} \\ \frac{5}{2} & 4 \end{pmatrix} + \begin{pmatrix} 0 & -\frac{1}{2} \\ \frac{1}{2} & 0 \end{pmatrix}$

問 1.5.2 A は対称行列なので ${}^tA = A$, さらに交代行列なので ${}^tA = -A$ が成り立つ．したがって $A = -A$ となり $2A = O$ である．両辺にスカラー $\dfrac{1}{2}$ をスカラー倍すると，$A = O$ が成り立つ．

問 1.6.1 (1) 係数行列 $\begin{pmatrix} 1 & 3 \\ 2 & 0 \end{pmatrix}$, 拡大係数行列 $\begin{pmatrix} 1 & 3 & \sqrt{2} \\ 2 & 0 & 3 \end{pmatrix}$

(2) 係数行列 $\begin{pmatrix} 49 & 3 \\ 1000 & \frac{1}{2} \end{pmatrix}$, 拡大係数行列 $\begin{pmatrix} 49 & 3 & 25 \\ 1000 & \frac{1}{2} & -34 \end{pmatrix}$

問 1.6.2 (1) 拡大係数行列は $\begin{pmatrix} 1 & 2 & 13 \\ 6 & -4 & -2 \end{pmatrix}$ なので, $(1,1)$ 成分の 1 で第 1 列を掃き出すと $\begin{pmatrix} 1 & 2 & 13 \\ 0 & -16 & -80 \end{pmatrix}$ となる. 次に第 2 行を $-\dfrac{1}{16}$ 倍すると $\begin{pmatrix} 1 & 2 & 13 \\ 0 & 1 & 5 \end{pmatrix}$ となる. 次に $(2,2)$ 成分の 1 を使って, 第 2 列を掃き出すと $\begin{pmatrix} 1 & 0 & 3 \\ 0 & 1 & 5 \end{pmatrix}$ となり, $x=3, y=5$ がただ 1 つの解である.

(2) 拡大係数行列は $\begin{pmatrix} 4 & 2 & 13 \\ 6 & 3 & -5 \end{pmatrix}$ なので, 第 1 行を 4 で割ると $\begin{pmatrix} 1 & \frac{1}{2} & \frac{13}{4} \\ 6 & 3 & -5 \end{pmatrix}$ となる. 次に $(1,1)$ 成分の 1 を使って, 第 1 列を掃き出すと $\begin{pmatrix} 1 & \frac{1}{2} & \frac{13}{4} \\ 0 & 0 & -\frac{49}{2} \end{pmatrix}$ となり, 解は存在しない.

(3) 拡大係数行列は $\begin{pmatrix} 3 & 2 & 1 \\ \frac{9}{4} & \frac{3}{2} & \frac{3}{4} \end{pmatrix}$ なので第 2 行を $\dfrac{4}{3}$ 倍すると, $\begin{pmatrix} 3 & 2 & 1 \\ 3 & 2 & 1 \end{pmatrix}$, 第 2 行 − 第 1 行を計算すると $\begin{pmatrix} 3 & 2 & 1 \\ 0 & 0 & 0 \end{pmatrix}$ となり, 対応する連立 1 次方程式は

$$\begin{cases} 3x+2y=1 \\ 0=0 \end{cases}$$

である. c を任意の定数として $y=c$ とおくと, $x=-\dfrac{2}{3}c+\dfrac{1}{3}, y=c$ が求める解である.

問 1.6.3 (1) $\begin{pmatrix} 1 & \frac{3}{5} \\ 5 & 3 \end{pmatrix}$ の 2 行から 1 行目 ×5 を引くと $\begin{pmatrix} 1 & \frac{3}{5} \\ 0 & 0 \end{pmatrix}$ となり, これが階段行列である.

(2) $\begin{pmatrix} 2 & \sqrt{2} \\ \sqrt{2} & 1 \end{pmatrix}$ の第 1 行を 2 で割ると $\begin{pmatrix} 1 & \frac{\sqrt{2}}{2} \\ \sqrt{2} & 1 \end{pmatrix}$ なので, 第 1 行を $\sqrt{2}$ 倍して

第 2 行から引くと $\begin{pmatrix} 1 & \frac{\sqrt{2}}{2} \\ 0 & 0 \end{pmatrix}$ が階段行列である．

(3) $\begin{pmatrix} 0 & 0 \\ 0 & 3 \end{pmatrix}$ の第 1 行と第 2 行を入れ替えると $\begin{pmatrix} 0 & 3 \\ 0 & 0 \end{pmatrix}$，その第 1 行を 3 で割ると $\begin{pmatrix} 0 & 1 \\ 0 & 0 \end{pmatrix}$ となり，これが階段行列である．

(4) $\begin{pmatrix} 0 & \sqrt{3} \\ \sqrt{3} & 3 \end{pmatrix}$ の第 1 行と第 2 行を入れ替えると $\begin{pmatrix} \sqrt{3} & 3 \\ 0 & \sqrt{3} \end{pmatrix}$ となる．次に第 1 行を $\sqrt{3}$ で割ると $\begin{pmatrix} 1 & \sqrt{3} \\ 0 & \sqrt{3} \end{pmatrix}$ となる．そこで，第 2 行を $\sqrt{3}$ で割って，$\begin{pmatrix} 1 & \sqrt{3} \\ 0 & 1 \end{pmatrix}$ となり (2, 2) 成分の 1 を用いて第 2 列の $\sqrt{3}$ を掃き出すと階段行列 $\begin{pmatrix} 1 & 0 \\ 0 & 1 \end{pmatrix}$ を得る．

問 1.6.4

$$XA = \begin{pmatrix} \dfrac{d}{ad-bc} & -\dfrac{b}{ad-bc} \\ -\dfrac{c}{ad-bc} & \dfrac{a}{ad-bc} \end{pmatrix} \begin{pmatrix} a & b \\ c & d \end{pmatrix}$$

$$= \begin{pmatrix} \dfrac{da}{ad-bc}+\dfrac{-bc}{ad-bc} & \dfrac{db}{ad-bc}+\dfrac{-bd}{ad-bc} \\ \dfrac{-ca}{ad-bc}+\dfrac{ac}{ad-bc} & \dfrac{-cb}{ad-bc}+\dfrac{ad}{ad-bc} \end{pmatrix} = \begin{pmatrix} 1 & 0 \\ 0 & 1 \end{pmatrix}.$$

問 1.6.5 (1) 行列 $\begin{pmatrix} 1 & 2 & 1 & 0 \\ 3 & 4 & 0 & 1 \end{pmatrix}$ に行基本変形を施す．最初に (1,1) 成分の 1 を用いて第 1 列を掃き出すと $\begin{pmatrix} 1 & 2 & 1 & 0 \\ 0 & -2 & -3 & 1 \end{pmatrix}$ となる．次に第 2 行を -2 で割り，$\begin{pmatrix} 1 & 2 & 1 & 0 \\ 0 & 1 & \frac{3}{2} & -\frac{1}{2} \end{pmatrix}$ を得る．さらに (2,1) 成分の 1 を用いて第 2 列を掃き出すと

$\begin{pmatrix} 1 & 0 & -2 & 1 \\ 0 & 1 & \frac{3}{2} & -\frac{1}{2} \end{pmatrix}$ となり，$A^{-1} = \begin{pmatrix} -2 & 1 \\ \frac{3}{2} & -\frac{1}{2} \end{pmatrix}$ が得られる．直接，定理 1.6.4 の公式を用いてもよい．

(2) $\begin{pmatrix} \sqrt{5} & 4 \\ 1 & \sqrt{5} \end{pmatrix}$ の行列式の値は $(\sqrt{5})^2 - 4 = 1$ なので，定理 1.6.4 の公式から逆行列は $\begin{pmatrix} \sqrt{5} & -4 \\ -1 & \sqrt{5} \end{pmatrix}$ となる．$\begin{pmatrix} \sqrt{5} & 4 & 1 & 0 \\ 1 & \sqrt{5} & 0 & 1 \end{pmatrix}$ に行基本変形を施しても同様に逆行列が得られる．

(3) $\begin{pmatrix} \frac{3}{4} & \sqrt{7} \\ \sqrt{7} & 8 \end{pmatrix}$ の行列式の値は $\frac{3}{4} \times 8 - (\sqrt{7})^2 = -1$ なので，定理 1.6.4 の公式から $\begin{pmatrix} -8 & \sqrt{7} \\ \sqrt{7} & -\frac{3}{4} \end{pmatrix}$ が逆行列である．$\begin{pmatrix} \frac{3}{4} & \sqrt{7} & 1 & 0 \\ \sqrt{7} & 8 & 0 & 1 \end{pmatrix}$ に行基本変形を施しても同様に逆行列が得られる．

(4) $\begin{pmatrix} 50 & 499 \\ 2 & 20 \end{pmatrix}$ の行列式の値は $50 \times 20 - 499 \times 2 = 2$ なので，定理 1.6.4 の公式から逆行列は $\begin{pmatrix} 10 & -\frac{499}{2} \\ -1 & 25 \end{pmatrix}$ である．

問 1.6.6 (1)

$$x = \frac{\det \begin{pmatrix} 1 & 2 \\ 1 & 4 \end{pmatrix}}{\det \begin{pmatrix} 1 & 2 \\ 3 & 4 \end{pmatrix}} = \frac{4-2}{4-6} = \frac{2}{-2} = -1$$

$$y = \frac{\det \begin{pmatrix} 1 & 1 \\ 3 & 1 \end{pmatrix}}{\det \begin{pmatrix} 1 & 2 \\ 3 & 4 \end{pmatrix}} = \frac{1-3}{4-6} = \frac{-2}{-2} = 1$$

(2)
$$x = \frac{\det\begin{pmatrix} \sqrt{3} & 3 \\ 1 & \sqrt{5} \end{pmatrix}}{\det\begin{pmatrix} \sqrt{5} & 3 \\ 1 & \sqrt{5} \end{pmatrix}} = \frac{\sqrt{15} - 3}{5 - 3} = \frac{\sqrt{15} - 3}{2}$$

$$y = \frac{\det\begin{pmatrix} \sqrt{5} & \sqrt{3} \\ 1 & 1 \end{pmatrix}}{\det\begin{pmatrix} \sqrt{5} & 3 \\ 1 & \sqrt{5} \end{pmatrix}} = \frac{\sqrt{5} - \sqrt{3}}{5 - 3} = \frac{\sqrt{5} - \sqrt{3}}{2}$$

(3)
$$x = \frac{\det\begin{pmatrix} 1 & \sqrt{7} \\ 4 & 16 \end{pmatrix}}{\det\begin{pmatrix} \dfrac{3}{4} & \sqrt{7} \\ \sqrt{7} & 16 \end{pmatrix}} = \frac{16 - 4\sqrt{7}}{12 - 7} = \frac{16 - 4\sqrt{7}}{5}$$

$$y = \frac{\det\begin{pmatrix} \dfrac{3}{4} & 1 \\ \sqrt{7} & 4 \end{pmatrix}}{\det\begin{pmatrix} \dfrac{3}{4} & \sqrt{7} \\ \sqrt{7} & 16 \end{pmatrix}} = \frac{3 - \sqrt{7}}{12 - 7} = \frac{3 - \sqrt{7}}{5}$$

(4)
$$x = \frac{\det\begin{pmatrix} 37 & 499 \\ 3 & 5 \end{pmatrix}}{\det\begin{pmatrix} 100 & 499 \\ 1 & 5 \end{pmatrix}} = \frac{185 - 1497}{500 - 499} = -1312$$

$$y = \frac{\det\begin{pmatrix} 100 & 37 \\ 1 & 3 \end{pmatrix}}{\det\begin{pmatrix} 100 & 499 \\ 1 & 5 \end{pmatrix}} = \frac{300 - 37}{500 - 499} = 263$$

問 2.1.1 (1) $a = (a_1, a_2), b = (b_1, b_2)$ とすると,$a \cdot b = a_1 b_1 + a_2 b_2 = b_1 a_1 + b_2 a_2 = b \cdot a$.

(2) $a \cdot a = a_1^2 + a_2^2 \geq 0$ であり等号成立は $a_1 = a_2 = 0$ のときのみなので,$a = \mathbf{0}$ である.

(4) スカラー c に対して,$(ca) \cdot b = (ca_1)b_1 + (ca_2)b_2 = c(a_1 b_1) + c(a_2 b_2) = c(a_1 b_1 + a_2 b_2) = c(a \cdot b)$ が成り立つ.もう 1 つの等式も同様に示される.

問 2.1.2 (1) $\|a+b\|^2 = (a+b) \cdot (a+b) = a \cdot a + a \cdot b + b \cdot a + b \cdot b = \|a\|^2 + 2a \cdot b + \|b\|^2$.
(2) $(a+b) \cdot (a-b) = a \cdot a - a \cdot b + b \cdot a - b \cdot b = \|a\|^2 - \|b\|^2$.

(3) $\|a+b\|^2 - \|a-b\|^2 = (a+b) \cdot (a+b) + (a-b) \cdot (a-b) = a \cdot a + 2a \cdot b + b \cdot b + a \cdot a - 2a \cdot b + b \cdot b = 2(a \cdot a + b \cdot b) = 2(\|a\|^2 + \|b\|^2)$.

問 2.1.3 (1) $\cos\theta = \dfrac{6}{3 \times 4} = \dfrac{1}{2}$ なので,$\theta = 60°$.
(2) $\cos\theta = \dfrac{\sqrt{2}}{2} = \dfrac{1}{\sqrt{2}}$ なので,$\theta = 45°$.

問 2.1.4 t を任意の実数として以下の不等式が成り立つ:

$$0 \leq (a + tb) \cdot (a + tb) = a \cdot a + 2ta \cdot b + t^2 b \cdot b = \|a\|^2 + 2ta \cdot b + t^2 \|b\|^2.$$

この不等式が任意の実数 t について成り立つということは,t に関する 2 次方程式

$$\|a\|^2 + 2ta \cdot b + t^2 \|b\|^2 = 0$$

が決して 2 つの異なる実数解をもたないということなので,その判別式は 0 以下である.言い換えると

$$D = (a \cdot b)^2 - \|a\|^2 \|b\|^2 \leq 0$$

が成り立つ.これは,シュワルツの不等式そのものである.等号成立は,上の 2 次方程式が 2 重解をもつ場合なので,その 2 重解を t_0 とすると $\|a + t_0 b\|^2 = 0$ すなわち $a + t_0 b = \mathbf{0}$ が成り立ち,a, b は平行であることである.

ベクトル a, b のなす角を θ とすると,内積の定義は $a \cdot b = \|a\|\|b\|\cos\theta$ だったので,シュワルツの不等式は $|\cos\theta| \leq 1$ から従う.また等号成立は $|\cos\theta| = 1$ の場合なので,$\theta = 0$ か $180°$ でベクトル a, b が平行な場合である.

略解 93

問 2.2.1

(1) $\begin{cases} x = 2+t \\ y = -3+2t \end{cases}$ (2) $\begin{cases} x = 4-3t \\ y = 2t \end{cases}$

問 2.2.2 (1) $4+36=40$ なので $\sqrt{40}=2\sqrt{10}$ で両辺を割ると $\dfrac{x}{\sqrt{10}} - \dfrac{3y}{\sqrt{10}} = 3$ となり，これがヘッセの標準形である．原点からの距離は 3 である．

(2) $25+144=169$ なので，$\sqrt{169}$ で両辺を割ると，$\dfrac{5x}{\sqrt{169}} + \dfrac{13y}{\sqrt{169}} = -\dfrac{39}{\sqrt{169}}$ となり，ヘッセの標準形は $-\dfrac{5x}{\sqrt{169}} - \dfrac{13y}{\sqrt{169}} = \dfrac{39}{\sqrt{169}}$ である．原点からの距離は $\dfrac{39}{\sqrt{169}}$ である．

問 2.2.3

(1) $\dfrac{|3\times 2 - 4\times(-3) - 8|}{\sqrt{9+16}} = \dfrac{10}{\sqrt{25}} = \dfrac{10}{5} = 2.$

(2) $\dfrac{|2\times(-4) + 3\times(-5) - 3|}{\sqrt{4+9}} = \dfrac{26}{\sqrt{13}} = \dfrac{26\sqrt{13}}{13} = 2\sqrt{13}.$

問 2.3.1 (1) $f : \begin{pmatrix} x' \\ y' \end{pmatrix} = \begin{pmatrix} -1 & 0 \\ 0 & 1 \end{pmatrix} \begin{pmatrix} x \\ y \end{pmatrix}$

(2) $P(x,y)$ の直線 $y=ax$ に対する対称変換された点を $P'(x',y')$ とすると，$y=ax$ の方向ベクトル $(1,a)$ は P と P' の中点 Q に対応するベクトル $\overrightarrow{OQ} = \left(\dfrac{x+x'}{2}, \dfrac{y+y'}{2}\right)$ と平行なので，

$$\left(\dfrac{x+x'}{2}, \dfrac{y+y'}{2}\right) = \lambda(1,a)$$

が成り立つ．すなわち，$x+x'=2\lambda$, $y+y'=2\lambda a$ が成り立つ．また，$\overrightarrow{QP} = (x-\lambda, y-\lambda a)$ となり，$\overrightarrow{QP}$ と $(1,a)$ が直交するので，$(x-\lambda) + a(y-\lambda a) = 0$ が成り立つ．すなわち $\lambda = \dfrac{x+ay}{1+a^2}$ となる．したがって，

$$\begin{pmatrix} x' \\ y' \end{pmatrix} = \begin{pmatrix} 2\lambda - x \\ 2\lambda a - y \end{pmatrix} = \begin{pmatrix} \dfrac{2(x+ay)}{1+a^2} - x \\ \dfrac{2a(x+ay)}{1+a^2} - y \end{pmatrix} = \begin{pmatrix} \dfrac{1-a^2}{1+a^2} & \dfrac{2a}{1+a^2} \\ \dfrac{2a}{1+a^2} & \dfrac{a^2-1}{1+a^2} \end{pmatrix} \begin{pmatrix} x \\ y \end{pmatrix}$$

が得られる. 行列 $\begin{pmatrix} \dfrac{1-a^2}{1+a^2} & \dfrac{2a}{1+a^2} \\ \dfrac{2a}{1+a^2} & \dfrac{a^2-1}{1+a^2} \end{pmatrix}$ は直交行列なので, $y = ax$ に対する対称変換も直交変換である.

問 2.4.1 直線 $x + 2y = 1$ をパラメータ表示すると, 方向ベクトル $\boldsymbol{v} = \begin{pmatrix} -2 \\ 1 \end{pmatrix}$ をもち, 点 $\boldsymbol{a} = \begin{pmatrix} 1 \\ 0 \end{pmatrix}$ を通ることがわかり,

$$\begin{pmatrix} x \\ y \end{pmatrix} = t \begin{pmatrix} -2 \\ 1 \end{pmatrix} + \begin{pmatrix} 1 \\ 0 \end{pmatrix}$$

となる. そこで, 正則行列 $A = \begin{pmatrix} 1 & 3 \\ 2 & 3 \end{pmatrix}$ から定まる, 正則変換で移される直線の方向ベクトルは

$$A\boldsymbol{v} = \begin{pmatrix} 1 & 3 \\ 2 & 3 \end{pmatrix} \begin{pmatrix} -2 \\ 1 \end{pmatrix} = \begin{pmatrix} 1 \\ -1 \end{pmatrix}$$

となる. さらに, 点 $\boldsymbol{a}$ は点

$$A\boldsymbol{a} = \begin{pmatrix} 1 & 3 \\ 2 & 3 \end{pmatrix} \begin{pmatrix} 1 \\ 0 \end{pmatrix} = \begin{pmatrix} 1 \\ 2 \end{pmatrix}$$

に移される. したがってそのパラメータ表示は

$$\begin{pmatrix} x \\ y \end{pmatrix} = t \begin{pmatrix} 1 \\ -1 \end{pmatrix} + \begin{pmatrix} 1 \\ 2 \end{pmatrix} = \begin{pmatrix} t+1 \\ -t+2 \end{pmatrix}$$

となる. ゆえに, その方程式は $y + x = 3$ である.

問 2.4.2 (1) 直線 $x - 3y = 1$ をパラメータ表示すると, 方向ベクトル $\boldsymbol{v} = \begin{pmatrix} 3 \\ 1 \end{pmatrix}$ をもち, 点 $\boldsymbol{a} = \begin{pmatrix} 1 \\ 0 \end{pmatrix}$ を通ることがわかり,

$$\begin{pmatrix} x \\ y \end{pmatrix} = t \begin{pmatrix} 3 \\ 1 \end{pmatrix} + \begin{pmatrix} 1 \\ 0 \end{pmatrix}$$

となる．そこで，行列 $A = \begin{pmatrix} -2 & 8 \\ 1 & -4 \end{pmatrix}$ から定まる，1 次変換で移される直線の方向ベクトルは

$$A\boldsymbol{v} = \begin{pmatrix} -2 & 8 \\ 1 & -4 \end{pmatrix} \begin{pmatrix} 3 \\ 1 \end{pmatrix} = \begin{pmatrix} 2 \\ -1 \end{pmatrix}$$

となる．さらに，点 $\boldsymbol{a}$ は点

$$A\boldsymbol{a} = \begin{pmatrix} -2 & 8 \\ 1 & -4 \end{pmatrix} \begin{pmatrix} 1 \\ 0 \end{pmatrix} = \begin{pmatrix} -2 \\ 1 \end{pmatrix}$$

に移される．したがってそのパラメータ表示は

$$\begin{pmatrix} x \\ y \end{pmatrix} = t \begin{pmatrix} 2 \\ -1 \end{pmatrix} + \begin{pmatrix} -2 \\ 1 \end{pmatrix} = \begin{pmatrix} 2t-2 \\ -t+1 \end{pmatrix}$$

となる．ゆえに，その方程式は $x + 2y = 0$ である．

(2) 直線 $x + y = 1$ をパラメータ表示すると，方向ベクトル $\boldsymbol{v} = \begin{pmatrix} -1 \\ 1 \end{pmatrix}$ をもち，点 $\boldsymbol{a} = \begin{pmatrix} 1 \\ 0 \end{pmatrix}$ を通ることがわかり，

$$\begin{pmatrix} x \\ y \end{pmatrix} = t \begin{pmatrix} 3 \\ 1 \end{pmatrix} + \begin{pmatrix} 1 \\ 0 \end{pmatrix}$$

となる．そこで，行列 $A = \begin{pmatrix} -2 & 8 \\ 1 & -4 \end{pmatrix}$ から定まる，1 次変換で移される直線の方向ベクトルは

$$A\boldsymbol{v} = \begin{pmatrix} -2 & 8 \\ 1 & -4 \end{pmatrix} \begin{pmatrix} -1 \\ 1 \end{pmatrix} = \begin{pmatrix} 10 \\ -5 \end{pmatrix}$$

となる．さらに，点 $\boldsymbol{a}$ は点

$$A\boldsymbol{a} = \begin{pmatrix} -2 & 8 \\ 1 & -4 \end{pmatrix} \begin{pmatrix} 1 \\ 0 \end{pmatrix} = \begin{pmatrix} -2 \\ 1 \end{pmatrix}$$

に移される．したがってそのパラメータ表示は

$$\begin{pmatrix} x \\ y \end{pmatrix} = t \begin{pmatrix} 10 \\ -5 \end{pmatrix} + \begin{pmatrix} -2 \\ 1 \end{pmatrix} = \begin{pmatrix} 10t - 2 \\ -5t + 1 \end{pmatrix}$$

となる．ゆえに，その方程式は $x + 2y = 0$ である．

一方，直線 $x + 2y = 2$ をパラメータ表示すると，方向ベクトル $\boldsymbol{v} = \begin{pmatrix} 1 \\ -2 \end{pmatrix}$ をもち，点 $\boldsymbol{a} = \begin{pmatrix} 0 \\ 2 \end{pmatrix}$ を通ることがわかり，

$$\begin{pmatrix} x \\ y \end{pmatrix} = t \begin{pmatrix} 1 \\ -2 \end{pmatrix} + \begin{pmatrix} 0 \\ 2 \end{pmatrix}$$

となる．そこで，行列 $A = \begin{pmatrix} -2 & 8 \\ 1 & -4 \end{pmatrix}$ から定まる，1次変換で移される直線の方向ベクトルは

$$A\boldsymbol{v} = \begin{pmatrix} -2 & 8 \\ 1 & -4 \end{pmatrix} \begin{pmatrix} 1 \\ -2 \end{pmatrix} = \begin{pmatrix} -18 \\ 9 \end{pmatrix}$$

となる．さらに，点 $\boldsymbol{a}$ は点

$$A\boldsymbol{a} = \begin{pmatrix} -2 & 8 \\ 1 & -4 \end{pmatrix} \begin{pmatrix} 0 \\ 2 \end{pmatrix} = \begin{pmatrix} 16 \\ -8 \end{pmatrix}$$

に移される．したがってそのパラメータ表示は

$$\begin{pmatrix} x \\ y \end{pmatrix} = t \begin{pmatrix} -18 \\ 9 \end{pmatrix} + \begin{pmatrix} 16 \\ -8 \end{pmatrix} = \begin{pmatrix} -18t + 16 \\ 9t - 8 \end{pmatrix}$$

となる．ゆえに，その方程式は $x + 2y = 0$ である．

問 2.5.1 $\det \begin{pmatrix} 49 & \sqrt{3} \\ 23 & \sqrt{3} \end{pmatrix} = 49\sqrt{3} - 23\sqrt{3} = 26\sqrt{3}$ なので，面積は $|\sqrt{3} \times 26\sqrt{3}| = 26 \times 3 = 78$ である．

問 2.7.1 $A = \begin{pmatrix} a & b \\ c & \frac{1}{2} \end{pmatrix}$ とするとき，${}^t\!AA = I$ なので，

略解　　　　　　　　　　　　　　　97

$$\begin{cases} a^2 + b^2 = 1 \\ ac + \dfrac{b}{2} = 0 \\ c^2 + \dfrac{1}{4} = 1 \end{cases}$$

が成り立つ．したがって，$c = \pm \dfrac{\sqrt{3}}{2}$ となる．したがって，$\pm \dfrac{\sqrt{3}a}{2} + \dfrac{b}{2} = 0$ なので，$b = \mp\sqrt{3}a$ である．ゆえに $a^2 + b^2 = 4a^2 = 1$ となり，$a = \pm\dfrac{1}{2}$ なので，$a = \dfrac{1}{2}$ のとき，$b = \mp\dfrac{\sqrt{3}}{2}$，$a = -\dfrac{1}{2}$ のとき，$b = \pm\dfrac{\sqrt{3}}{2}$ となる．したがって，$A = \begin{pmatrix} \dfrac{1}{2} & \mp\dfrac{\sqrt{3}}{2} \\ \pm\dfrac{\sqrt{3}}{2} & \dfrac{1}{2} \end{pmatrix}$ と $A = \begin{pmatrix} -\dfrac{1}{2} & \pm\dfrac{\sqrt{3}}{2} \\ \pm\dfrac{\sqrt{3}}{2} & \dfrac{1}{2} \end{pmatrix}$ となる．

問 2.7.2　A は直交行列なので，${}^tAA = A{}^tA = I$ を満たす．正則行列の転置行列は正則で，その逆行列は元の行列の逆行列の転置行列なので，$({}^tAA)^{-1} = A^{-1}({}^tA)^{-1} = A^{-1}{}^t(A^{-1})$ となり，${}^tI = I$ なので，$A^{-1}{}^t(A^{-1}) = {}^t(A^{-1})A^{-1} = I$ が成り立ち，A^{-1} も直交行列である．

問 2.7.3　${}^tAA = A{}^tA = I = {}^tBB = B{}^tB$ なので ${}^t(AB)(AB) = ({}^tB{}^tA)AB = {}^tB({}^tAA)B = {}^tBIB = {}^tBB = I$ となる．$(AB){}^t(AB) = I$ も同様に得られる．したがって，AB は直交行列である．

問 2.7.4　$x_1 = a = \begin{pmatrix} 1 \\ 2 \end{pmatrix}$ とおく．$a \cdot b = -3 + 4 = 1, a \cdot a = 1 + 4 = 5$ なので，

$$x_2 = b - \frac{b \cdot a}{a \cdot a}a = \begin{pmatrix} -3 \\ 2 \end{pmatrix} - \frac{1}{5}\begin{pmatrix} 1 \\ 2 \end{pmatrix} = \begin{pmatrix} -\dfrac{16}{5} \\ \dfrac{8}{5} \end{pmatrix}$$

とおく．したがって，

$$a_1 = \begin{pmatrix} \dfrac{1}{\sqrt{5}} \\ \dfrac{2}{\sqrt{5}} \end{pmatrix}, \quad a_2 = \begin{pmatrix} -\dfrac{2}{\sqrt{5}} \\ \dfrac{1}{\sqrt{5}} \end{pmatrix}$$

である．

問 2.8.1 (1) 固有方程式は

$$0 = \det\begin{pmatrix} 6-t & 6 \\ -2 & -1-t \end{pmatrix} = t^2 - 5t + 6 = (t-2)(t-3)$$

なので，固有値は $\lambda = 2, 3$ である．対応する固有ベクトルは
(a) $\lambda = 2$ のとき，連立 1 次方程式

$$\begin{pmatrix} 6-2 & 6 \\ -2 & -1-2 \end{pmatrix}\begin{pmatrix} x \\ y \end{pmatrix} = \begin{pmatrix} 4 & 6 \\ -2 & -3 \end{pmatrix}\begin{pmatrix} x \\ y \end{pmatrix} = \begin{pmatrix} 0 \\ 0 \end{pmatrix}$$

を解けばよい．この連立 1 次方程式は 1 次方程式 $2x + 3y = 0$ と同値なので，その解は $c\begin{pmatrix} -3 \\ 2 \end{pmatrix}$ の形をしている．これが，$\lambda = 2$ に対応する固有ベクトルである．
(b) $\lambda = 3$ のとき，連立 1 次方程式

$$\begin{pmatrix} 6-3 & 6 \\ -2 & -1-3 \end{pmatrix}\begin{pmatrix} x \\ y \end{pmatrix} = \begin{pmatrix} 3 & 6 \\ -2 & -4 \end{pmatrix}\begin{pmatrix} x \\ y \end{pmatrix} = \begin{pmatrix} 0 \\ 0 \end{pmatrix}$$

を解けばよい．この連立 1 次方程式は 1 次方程式 $x + 2y = 0$ と同値なので，その解は $c\begin{pmatrix} -2 \\ 1 \end{pmatrix}$ の形をしている．これが，$\lambda = 3$ に対応する固有ベクトルである．

(2) 固有方程式は

$$0 = \det\begin{pmatrix} 7-t & 10 \\ -3 & -4-t \end{pmatrix} = t^2 - 3t + 2 = (t-1)(t-2)$$

なので，固有値は $\lambda = 1, 2$ である．対応する固有ベクトルは
(a) $\lambda = 1$ のとき，連立 1 次方程式

$$\begin{pmatrix} 7-1 & 10 \\ -3 & -4-1 \end{pmatrix}\begin{pmatrix} x \\ y \end{pmatrix} = \begin{pmatrix} 6 & 10 \\ -3 & -5 \end{pmatrix}\begin{pmatrix} x \\ y \end{pmatrix} = \begin{pmatrix} 0 \\ 0 \end{pmatrix}$$

を解けばよい．この連立 1 次方程式は 1 次方程式 $3x + 5y = 0$ と同値なので，その解は $c\begin{pmatrix} -5 \\ 3 \end{pmatrix}$ の形をしている．これが，$\lambda = 1$ に対応する固有ベクトルである．

(b) $\lambda = 2$ のとき, 連立 1 次方程式

$$\begin{pmatrix} 7-2 & 10 \\ -3 & -4-2 \end{pmatrix} \begin{pmatrix} x \\ y \end{pmatrix} = \begin{pmatrix} 5 & 10 \\ -3 & -6 \end{pmatrix} \begin{pmatrix} x \\ y \end{pmatrix} = \begin{pmatrix} 0 \\ 0 \end{pmatrix}$$

を解けばよい. この連立 1 次方程式は 1 次方程式 $x + 2y = 0$ と同値なので, その解は $c \begin{pmatrix} -2 \\ 1 \end{pmatrix}$ の形をしている. これが, $\lambda = 2$ に対応する固有ベクトルである.

(3) 固有方程式は

$$0 = \det \begin{pmatrix} 4-t & 10 \\ -3 & -7-t \end{pmatrix} = t^2 + 3t + 2 = (t+1)(t+2)$$

なので, 固有値は $\lambda = -1, -2$ である. 対応する固有ベクトルは
(a) $\lambda = -1$ のとき, 連立 1 次方程式

$$\begin{pmatrix} 4+1 & 10 \\ -3 & -7+1 \end{pmatrix} \begin{pmatrix} x \\ y \end{pmatrix} = \begin{pmatrix} 5 & 10 \\ -3 & -6 \end{pmatrix} \begin{pmatrix} x \\ y \end{pmatrix} = \begin{pmatrix} 0 \\ 0 \end{pmatrix}$$

を解けばよい. この連立 1 次方程式は 1 次方程式 $x + 2y = 0$ と同値なので, その解は $c \begin{pmatrix} -2 \\ 2 \end{pmatrix}$ の形をしている. これが, $\lambda = -1$ に対応する固有ベクトルである.
(b) $\lambda = -2$ のとき, 連立 1 次方程式

$$\begin{pmatrix} 4+2 & 10 \\ -3 & -7+2 \end{pmatrix} \begin{pmatrix} x \\ y \end{pmatrix} = \begin{pmatrix} 6 & 10 \\ -3 & -5 \end{pmatrix} \begin{pmatrix} x \\ y \end{pmatrix} = \begin{pmatrix} 0 \\ 0 \end{pmatrix}$$

を解けばよい. この連立 1 次方程式は 1 次方程式 $3x + 5y = 0$ と同値なので, その解は $c \begin{pmatrix} -5 \\ 3 \end{pmatrix}$ の形をしている. これが, $\lambda = -2$ に対応する固有ベクトルである.

問 2.10.1 (1) 考える行列は $\begin{pmatrix} 1 & -2 \\ -2 & -2 \end{pmatrix}$ なので, 固有方程式は

$$0 = \det \begin{pmatrix} 1-t & -2 \\ -2 & -2-t \end{pmatrix} = t^2 + t - 6 = (t-2)(t+3)$$

となり，固有値は $\lambda = 2, -3$ である．対応する固有ベクトルは

(a) $\lambda = 2$ のとき，連立 1 次方程式

$$\begin{pmatrix} 1-2 & -2 \\ -2 & -2-2 \end{pmatrix} \begin{pmatrix} x \\ y \end{pmatrix} = \begin{pmatrix} -1 & -2 \\ -2 & -4 \end{pmatrix} \begin{pmatrix} x \\ y \end{pmatrix} = \begin{pmatrix} 0 \\ 0 \end{pmatrix}$$

を解けばよい．この連立 1 次方程式は 1 次方程式 $-x - 2y = 0$ と同値なので，その解は $c \begin{pmatrix} 2 \\ -1 \end{pmatrix}$ の形をしている．これが，$\lambda = 2$ に対応する固有ベクトルである．

(b) $\lambda = -3$ のとき，連立 1 次方程式

$$\begin{pmatrix} 1+3 & -2 \\ -2 & -2+3 \end{pmatrix} \begin{pmatrix} x \\ y \end{pmatrix} = \begin{pmatrix} 4 & -2 \\ -2 & 1 \end{pmatrix} \begin{pmatrix} x \\ y \end{pmatrix} = \begin{pmatrix} 0 \\ 0 \end{pmatrix}$$

を解けばよい．この連立 1 次方程式は 1 次方程式 $-2x + y = 0$ と同値なので，その解は $c \begin{pmatrix} 1 \\ 2 \end{pmatrix}$ の形をしている．これが，$\lambda = -3$ に対応する固有ベクトルである．したがって，それぞれ長さを 1 にすると，

$$\begin{pmatrix} \frac{2}{\sqrt{5}} \\ -\frac{1}{\sqrt{5}} \end{pmatrix} \quad \begin{pmatrix} \frac{1}{\sqrt{5}} \\ \frac{2}{\sqrt{5}} \end{pmatrix}$$

となり，

$$P = \begin{pmatrix} \frac{1}{\sqrt{5}} & \frac{2}{\sqrt{5}} \\ \frac{2}{\sqrt{5}} & -\frac{1}{\sqrt{5}} \end{pmatrix}$$

とすると，行列 A は $\begin{pmatrix} -3 & 0 \\ 0 & 2 \end{pmatrix}$ と対角化される．したがって，

$$\begin{pmatrix} x \\ y \end{pmatrix} = \begin{pmatrix} \frac{1}{\sqrt{5}} & \frac{2}{\sqrt{5}} \\ \frac{2}{\sqrt{5}} & -\frac{1}{\sqrt{5}} \end{pmatrix} \begin{pmatrix} x' \\ y' \end{pmatrix}$$

と変数変換すると 2 次曲線は

$$-3x'^2 + 2y'^2 + \frac{18}{\sqrt{5}} x' + \frac{16}{\sqrt{5}} y' = 0$$

の形となる．整理すると，

$$3\left(x' + \frac{3}{\sqrt{5}}\right)^2 - 2\left(y' + \frac{4}{\sqrt{5}}\right)^2 = -1$$

となるので，平行移動

$$\begin{pmatrix} X \\ Y \end{pmatrix} = \begin{pmatrix} x' + \dfrac{3}{\sqrt{5}} \\ y' + \dfrac{4}{\sqrt{5}} \end{pmatrix}$$

により，$3X^2 - 2Y^2 = -1$ に変換される．したがって，標準形は

$$-\left(\frac{x}{\sqrt{\frac{1}{3}}}\right)^2 + \left(\frac{y}{\sqrt{\frac{1}{2}}}\right)^2 = 1$$

となり，双曲線を表す（図 A.1）．

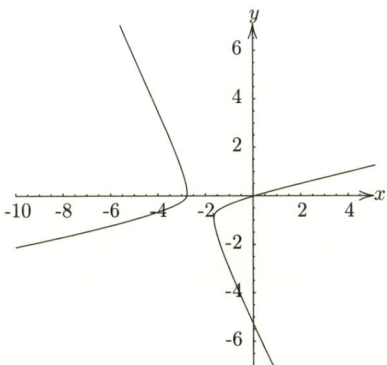

図 A.1 2次曲線 $x^2 - 4xy - 2y^2 + 10x + 4y = 0$

(2) 考える行列は $\begin{pmatrix} 1 & -1 \\ -1 & 1 \end{pmatrix}$ なので，固有方程式は

$$0 = \det\begin{pmatrix} 1-t & -1 \\ -1 & 1-t \end{pmatrix} = t^2 - 2t = t(t-2)$$

となり，固有値は $\lambda = 0, 2$ である．対応する固有ベクトルは

(a) $\lambda = 0$ のとき,連立 1 次方程式

$$\begin{pmatrix} 1-0 & -1 \\ -1 & 1-0 \end{pmatrix} \begin{pmatrix} x \\ y \end{pmatrix} = \begin{pmatrix} 1 & -1 \\ -1 & 1 \end{pmatrix} \begin{pmatrix} x \\ y \end{pmatrix} = \begin{pmatrix} 0 \\ 0 \end{pmatrix}$$

を解けばよい.この連立 1 次方程式は 1 次方程式 $x - y = 0$ と同値なので,その解は $c \begin{pmatrix} 1 \\ 1 \end{pmatrix}$ の形をしている.これが,$\lambda = 0$ に対応する固有ベクトルである.

(b) $\lambda = 2$ のとき,連立 1 次方程式

$$\begin{pmatrix} 1-2 & -1 \\ -1 & 1-2 \end{pmatrix} \begin{pmatrix} x \\ y \end{pmatrix} = \begin{pmatrix} -1 & -1 \\ -1 & -1 \end{pmatrix} \begin{pmatrix} x \\ y \end{pmatrix} = \begin{pmatrix} 0 \\ 0 \end{pmatrix}$$

を解けばよい.この連立 1 次方程式は 1 次方程式 $x + y = 0$ と同値なので,その解は $c \begin{pmatrix} 1 \\ -1 \end{pmatrix}$ の形をしている.これが,$\lambda = 2$ に対応する固有ベクトルである.したがって,それぞれ長さを 1 にすると,

$$\begin{pmatrix} \frac{1}{\sqrt{2}} \\ \frac{1}{\sqrt{2}} \end{pmatrix} \quad \begin{pmatrix} \frac{1}{\sqrt{2}} \\ -\frac{1}{\sqrt{2}} \end{pmatrix}$$

となり,

$$P = \begin{pmatrix} \frac{1}{\sqrt{2}} & \frac{1}{\sqrt{2}} \\ \frac{1}{\sqrt{2}} & -\frac{1}{\sqrt{2}} \end{pmatrix}$$

とすると,行列 A は $\begin{pmatrix} 0 & 0 \\ 0 & 2 \end{pmatrix}$ と対角化される.したがって,

$$\begin{pmatrix} x \\ y \end{pmatrix} = \begin{pmatrix} \frac{1}{\sqrt{2}} & \frac{1}{\sqrt{2}} \\ \frac{1}{\sqrt{2}} & -\frac{1}{\sqrt{2}} \end{pmatrix} \begin{pmatrix} x' \\ y' \end{pmatrix}$$

と変数変換すると 2 次曲線は

$$2y'^2 - \frac{8}{\sqrt{2}} x' - \frac{8}{\sqrt{2}} y' + 16 = 0$$

の形となる．整理すると，

$$2\sqrt{2}\left(x' - \frac{3}{\sqrt{2}}\right) - \left(y' + \sqrt{2}\right)^2 = 0$$

となるので，平行移動

$$\begin{pmatrix} X \\ Y \end{pmatrix} = \begin{pmatrix} x' - \frac{3}{\sqrt{2}} \\ y' - \sqrt{2} \end{pmatrix}$$

により，$2\sqrt{2}X - Y^2 = 0$ に変換される．したがって，標準形は

$$2\sqrt{2}x - y^2 = 0$$

となり，放物線を表す（図 A.2）．

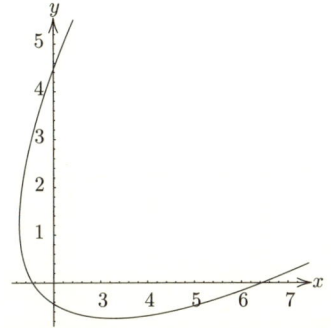

図 **A.2** 2次曲線 $x^2 - 2xy + y^2 - 8x + 16 = 0$

(3) 考える行列は $\begin{pmatrix} 5 & \sqrt{3} \\ \sqrt{3} & 3 \end{pmatrix}$ なので，固有方程式は

$$0 = \det\begin{pmatrix} 5-t & \sqrt{3} \\ \sqrt{3} & 3-t \end{pmatrix} = t^2 + 8t + 12 = (t-2)(t-6)$$

なので，固有値は $\lambda = 2, 6$ である．対応する固有ベクトルは
(a) $\lambda = 2$ のとき，連立1次方程式

$$\begin{pmatrix} 5-2 & \sqrt{3} \\ \sqrt{3} & 3-2 \end{pmatrix}\begin{pmatrix} x \\ y \end{pmatrix} = \begin{pmatrix} 3 & \sqrt{3} \\ \sqrt{3} & 1 \end{pmatrix}\begin{pmatrix} x \\ y \end{pmatrix} = \begin{pmatrix} 0 \\ 0 \end{pmatrix}$$

を解けばよい．この連立 1 次方程式は 1 次方程式 $\sqrt{3}x+y=0$ と同値なので，その解は $c\begin{pmatrix}1\\-\sqrt{3}\end{pmatrix}$ の形をしている．これが，$\lambda=2$ に対応する固有ベクトルである．

(b) $\lambda=6$ のとき，連立 1 次方程式

$$\begin{pmatrix}5-6 & \sqrt{3}\\ \sqrt{3} & 3-6\end{pmatrix}\begin{pmatrix}x\\y\end{pmatrix}=\begin{pmatrix}-1 & \sqrt{3}\\ \sqrt{3} & -3\end{pmatrix}\begin{pmatrix}x\\y\end{pmatrix}=\begin{pmatrix}0\\0\end{pmatrix}$$

を解けばよい．この連立 1 次方程式は 1 次方程式 $-x+\sqrt{3}y=0$ と同値なので，その解は $c\begin{pmatrix}\sqrt{3}\\1\end{pmatrix}$ の形をしている．これが，$\lambda=6$ に対応する固有ベクトルである．したがって，それぞれ長さを 1 にすると，

$$\begin{pmatrix}\frac{1}{2}\\-\frac{\sqrt{3}}{2}\end{pmatrix}\quad\begin{pmatrix}\frac{\sqrt{3}}{2}\\\frac{1}{2}\end{pmatrix}$$

となり，

$$P=\begin{pmatrix}\frac{1}{2} & \frac{\sqrt{3}}{2}\\-\frac{\sqrt{3}}{2} & \frac{1}{2}\end{pmatrix}$$

とすると，行列 A は $\begin{pmatrix}2 & 0\\0 & 6\end{pmatrix}$ と対角化される．したがって，

$$\begin{pmatrix}x\\y\end{pmatrix}=\begin{pmatrix}\frac{1}{2} & \frac{\sqrt{3}}{2}\\-\frac{\sqrt{3}}{2} & \frac{1}{2}\end{pmatrix}\begin{pmatrix}x'\\y'\end{pmatrix}$$

と変数変換すると 2 次曲線は

$$2y'^2+6y'^2-2x'-2\sqrt{3}y'-17=0$$

の形となる．整理すると，

$$\left(x'-\frac{1}{2}\right)^2+3\left(y'-\frac{\sqrt{3}}{6}\right)^2=9$$

略解

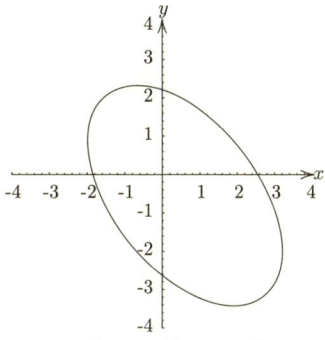

図 A.3 2次曲線 $5x^2 + 2\sqrt{3}xy + 3y^2 - 4x - 17 = 0$

となるので，平行移動

$$\begin{pmatrix} X \\ Y \end{pmatrix} = \begin{pmatrix} x' - \dfrac{1}{2} \\ y' - \dfrac{\sqrt{3}}{6} \end{pmatrix}$$

により，$X^2 + 3Y^2 = 9$ に変換される．したがって，標準形は

$$\left(\dfrac{x}{3}\right)^2 + \left(\dfrac{y}{\sqrt{3}}\right)^2 = 1$$

となり，楕円を表す（図 A.3）．

(4) 考える行列は $\begin{pmatrix} 1 & -1 \\ -1 & 1 \end{pmatrix}$ なので，(2) と同じ行列で固有値と固有ベクトルも同じとなり，(2) と同様に

$$P = \begin{pmatrix} \dfrac{1}{\sqrt{2}} & \dfrac{1}{\sqrt{2}} \\ \dfrac{1}{\sqrt{2}} & -\dfrac{1}{\sqrt{2}} \end{pmatrix}$$

とすると，行列 A は $\begin{pmatrix} 0 & 0 \\ 0 & 2 \end{pmatrix}$ と対角化される．したがって，

$$\begin{pmatrix} x \\ y \end{pmatrix} = \begin{pmatrix} \dfrac{1}{\sqrt{2}} & \dfrac{1}{\sqrt{2}} \\ \dfrac{1}{\sqrt{2}} & -\dfrac{1}{\sqrt{2}} \end{pmatrix} \begin{pmatrix} x' \\ y' \end{pmatrix}$$

と変数変換すると 2 次曲線は

$$2y'^2 + \sqrt{2}x' + 4\sqrt{2}y' - 2 = 0$$

の形となる．整理すると，

$$\frac{1}{\sqrt{2}}(x' - 3\sqrt{2}) + (y' + \sqrt{2})^2 = 0$$

となるので，平行移動

$$\begin{pmatrix} X \\ Y \end{pmatrix} = \begin{pmatrix} x' - 3\sqrt{2} \\ y' + \sqrt{2} \end{pmatrix}$$

により，$\frac{1}{\sqrt{2}}X + Y^2 = 0$ に変換される．したがって，標準形は

$$x + \sqrt{2}y^2 = 0$$

となり，放物線を表す（図 A.4）．

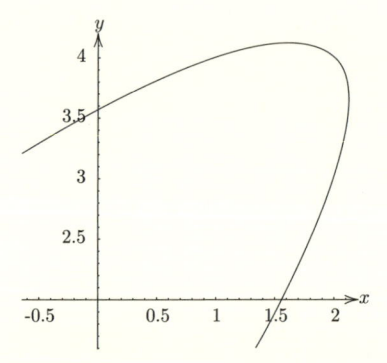

図 A.4 2 次曲線 $x^2 - 2xy + y^2 + 5x - 3y - 2 = 0$

参考文献とあとがき

　本書は序文にもあるように，高等学校であまり数学を学んでこなかった大学1年生向けの教科書として書かれました．本書を読み終わった段階で，高等学校で習う行列の項目の他に2次曲線の分類理論についてはほぼ完璧に理解されているはずです．もちろん，文系・理工系を問わず実際に線形代数を使う場合は本書の内容では不十分で，特に「高次元」の場合が応用上はもっとも重要です．ただし，本書の内容をしっかりと理解していれば，高次元や抽象化された線形代数の理解も容易だと思われます．そこで，本書の続きとして，読者が読むのに適した，線形代数の教科書として以下の2冊を挙げておきます．

[1] 泉屋，上見，石川，三波，陳，西森著：行列と連立一次方程式，
　　共立出版 (1996)
[2] 石川，上見，泉屋，三波，陳，西森著：線形写像と固有値，
　　共立出版 (1996)

　この2冊を補足も含めてしっかり理解すれば，現在の大学で必要とされる線形代数が一応網羅されています．文系の分野への応用には補足の部分はとばして読んでも十分であると思われます．ただし，これらの教科書は，線形代数の「代数的取り扱い」について強調して書かれているので本書における

「2次曲線の理論」の直接の一般化である「2次曲面の理論」については省略されて書かれてはいません．空間内の2次曲面について詳しく知りたい読者の皆様には

[3] 竹内，泉屋，村山著：座標幾何学—古典的解析幾何学入門—，
日科技連 (2008)

を読むことをお奨めします．

索　引

● 数字・欧文
1次変換　41
　　──の性質　45
2次曲線　67
　　──の標準形　79
2次形式　73
　　──の標準形　74

ℓ 乗　9

● ア行
同じ型（行列）　3

● カ行
階段行列　20
角 θ の回転　41
拡大係数行列　15

幾何ベクトル　32
逆行列　11, 12
逆変換　44
行基本変形　18
行ベクトル　3
行列　2

グラム・シュミットの直交化法　56

クラメルの公式　28

係数行列　15

合成変換　43
交代行列　14
固有値　57
固有ベクトル　57
固有方程式　58

● サ行
差　5

自明な解　29
写像　41
準線　67
消去法　16
焦点　67, 69

数　4
数ベクトル　3
スカラー　4

正規直交系　55
正則行列　10
正則変換　44

成分　2, 3
正方行列　3
積　6, 7
ゼロ行列　5
漸近線　71
線形変換　41, 45

像　45
双曲線　69

● タ行
対角化可能　60
対角行列　14
対称行列　14, 62
楕円　67
単位行列　10
短軸　69, 72

長軸　69, 72
頂点　71
直線のパラメータ表示　35
直交行列　55
直交変換　53

転置行列　13

同次形の連立1次方程式　29

● ナ行
内積　33
内積型のベクトル方程式　37

● ハ行
倍　4

掃き出し法　18
パラメータ型の直線のベクトル方程式　35

左から掛ける　9
等しい　3
標準形　66

複素行列　58
複素ベクトル　58

平面ベクトル　31
ベクトル　3, 31
ベクトル方程式　35, 37
ヘッセの標準形　38

方向ベクトル　36
放物線　67

● マ行
右から掛ける　9

● ヤ行
矢線ベクトル　31

要素　2

● ラ行
零行列　5
列ベクトル　3
連立1次方程式　15

● ワ行
和　4

MEMO

МЕМО

著者紹介

泉屋周一（いずみや しゅういち）

1978年　北海道大学大学院理学研究科博士前期課程修了
現　在　北海道大学大学院理学研究院・北海道大学数学連携研究
　　　　センター教授，理学博士
専　攻　数学（特異点論）
著　書　応用特異点論（共著），
　　　　行列と連立一次方程式（共著），
　　　　線形写像と固有値（共著），
　　　　幾何学と特異点論（共著），
　　　　　以上 共立出版，
　　　　切って，見て，触れて良くわかる「かたち」の数学（共著），
　　　　座標幾何学 ―古典的解析幾何学入門―（共著），
　　　　　以上 日科技連

初級 線形代数
半期で学ぶ2次行列と平面図形
Linear algebra for beginners

2008年10月25日　初版1刷発行
2011年3月1日　初版2刷発行

著　者　泉屋周一 © 2008
発行者　南條光章
発行所　共立出版株式会社
　　　　東京都文京区小日向 4-6-19
　　　　電話　03-3947-2511（代表）
　　　　郵便番号 112-8700／振替口座 00110-2-57035
　　　　URL http://www.kyoritsu-pub.co.jp/

印　刷　啓文堂
製　本　協栄製本

検印廃止
NDC 411.3
ISBN 978-4-320-01873-0

社団法人
自然科学書協会
会員

Printed in Japan

JCOPY <(社)出版者著作権管理機構委託出版物>
本書の無断複写は著作権法上での例外を除き禁じられています．複写される場合は，そのつど事前に，(社)出版者著作権管理機構（電話 03-3513-6969，FAX 03-3513-6979，e-mail: info@jcopy.or.jp）の許諾を得てください．

実力養成の決定版‥‥‥‥学力向上への近道！

やさしく学べるシリーズ

やさしく学べる基礎数学 ―線形代数・微分積分―
石村園子著‥‥‥‥‥A5判・246頁・定価2100円(税込)

やさしく学べる線形代数
石村園子著‥‥‥‥‥A5判・224頁・定価2100円(税込)

やさしく学べる微分積分
石村園子著‥‥‥‥‥A5判・230頁・定価2100円(税込)

やさしく学べるラプラス変換・フーリエ解析 増補版
石村園子著‥‥‥‥‥A5判・268頁・定価2205円(税込)

やさしく学べる微分方程式
石村園子著‥‥‥‥‥A5判・228頁・定価2100円(税込)

やさしく学べる統計学
石村園子著‥‥‥‥‥A5判・230頁・定価2100円(税込)

やさしく学べる離散数学
石村園子著‥‥‥‥‥A5判・230頁・定価2100円(税込)

レポート作成から学会発表まで

これから レポート・卒論を書く 若者のために
酒井聡樹著
A5判・242頁・定価1890円(税込)

これから論文を書く 若者のために 【大改訂増補版】
酒井聡樹著
A5判・326頁・定価2730円(税込)

これから学会発表する 若者のために ―ポスターと口頭のプレゼン技術―
酒井聡樹著
B5判・182頁・定価2835円(税込)

詳解演習シリーズ

詳解 線形代数演習
鈴木七緒・安岡善則他編‥‥定価2520円

詳解 微積分演習 I
福田安蔵・安岡善則他編‥‥定価2310円

詳解 微積分演習 II
鈴木七緒・黒崎千代子他編‥‥定価1995円

詳解 微分方程式演習
福田安蔵・安岡善則他編‥‥定価2520円

詳解 物理学演習 上
後藤憲一・山本邦夫他編‥‥定価2520円

詳解 物理学演習 下
後藤憲一・西山敏之他編‥‥定価2520円

詳解 物理/応用数学演習
後藤憲一・山本邦夫他編‥‥定価3570円

詳解 力学演習
後藤憲一・神吉 健他編‥‥定価2625円

詳解 電磁気学演習
後藤憲一・山崎修一郎編‥‥定価2835円

詳解 理論/応用量子力学演習
後藤憲一・西山敏之他編‥‥定価4410円

詳解 構造力学演習
彦坂 煕・崎山 毅他著‥‥定価3675円

詳解 測量演習
佐藤俊朗編‥‥‥‥‥‥定価2625円

詳解 建築構造力学演習
蜂巣 進・林 貞夫著‥‥定価3570円

詳解 機械工学演習
酒井俊道編‥‥‥‥‥‥定価3045円

詳解 材料力学演習 上
斉藤 渥・平井憲雄著‥‥定価3570円

詳解 材料力学演習 下
斉藤 渥・平井憲雄著‥‥定価3570円

詳解 制御工学演習
明石 一・今井弘之著‥‥定価4200円

詳解 流体工学演習
吉野章男・菊山功嗣他著‥‥定価2940円

詳解 電気回路演習 上
大下眞二郎著‥‥‥‥‥定価3675円

詳解 電気回路演習 下
大下眞二郎著‥‥‥‥‥定価3675円

■各冊：A5判・176〜454頁
(価格は税込)

共立出版